建筑设计系列⑥

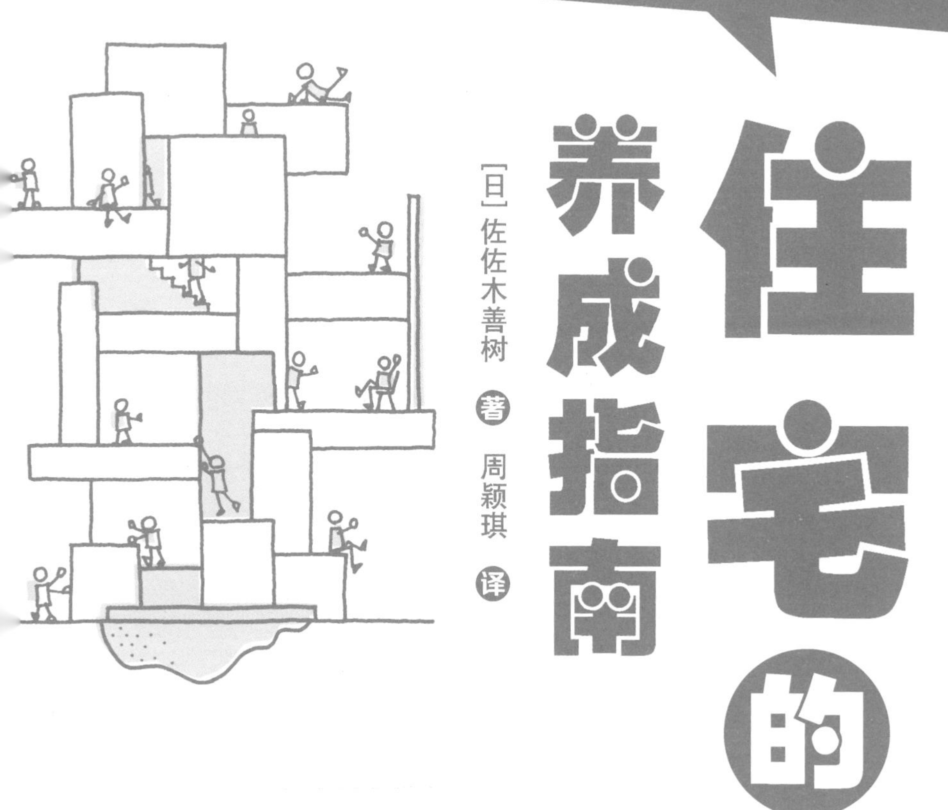

成长型住宅建造的秘密，好家需要慢慢培养！

住宅的养成指南

[日] 佐佐木善树 著

周颖琪 译

上海科学技术出版社

序 住宅不是“买来的商品”，不是“造成的物件”，而是“需要养成的家”

家的“养成”意识非同小可。家不会在一定特定阶段达到完成的状态。随着时间的流逝，家中的成员一天天成长和老去，会不断发生着变化。第1章的内容，主要是强调理想的居住方式，应该是在“新建”的家中，不断主动重复“再创”的过程。

家的构成随着时间的流逝，有些部分不能改变，有些部分则需要灵活变通。前者指的是构造、隔热等功能部分，后者则是指房间布局和住宅设施。我们把前者叫做“容器”，主要在第2章阐述。后者则叫做“构造”，主要在第3章阐述。

家的建造需要大量金钱。如果非要把买房装修当成一生一次的大事，就容易为了追求当前阶段的完美，而背上一屁股贷款。“住宅养成”在金钱方面则采取不同的思路。第4章中就介绍了这种预算分配方法：新筑住房的同时，也预留一笔战略资金，用于将来对住宅进行不断革新。

家的建造不是从装修委托开始，而是必须先从自己的"学习"开始。我需要一个什么样的家？在"学习"的过程中，我们首先需要像这样自问自答，然后渐渐形成和建筑师"共同创造"的状态。第5章主要讲述这样的住宅设计方法。

家的施工理念也可以稍作改变，即只把必要的部分交予装修公司处理。第6章讲的就是这种有所保留的装修委托，不仅要靠外人施工，自己也要享受"住宅养成"之乐趣。

家需要一个养成的过程。从这个角度看，一所住宅并不存在真正意义上的完工阶段，在住宅尚未完成、尚有养成价值的阶段开始入住，也会充满乐趣。再说，住宅建造真的有必要以完成为目标吗？第7章中举了一些住宅养成方法的具体例子，作为"养成住宅"的案例分析供读者参考。

家需要我们一边住，一边进行再思考（Re+Thought）。因此，理想的家不是一次性完成的，而是有着各种可能性的未完成的家。这个再思考的过程，才是住宅养成和生活的意义。终章中阐述了这种观点和本书想要重点强调的思想，颇有一种醍醐灌顶的味道。同时也讨论了另一个问题，即今后的建筑师们应该扮演的角色，也恰恰存在于这个再思考的过程中。

本书的末尾列举了一些住宅养成的事例，并通过设计图展示了一种"养成式住宅"解决方案。本书的开头设置了一个第0章，专门用来概括"住宅养成的秘密"。各位读者读了这一章，就会对住宅养成到底是什么这个问题有一个整体的印象和了解。第0章一共有7条，这7条和后面的7个章节是互相对应的。例如，第0章第2条"住宅设计从'容器'开始"，这一条的标题正是第2章的标题。

读完本书，如果读者能体会到"需要养成的家"的意味，那就再好不过了。

佐佐木善树

目　录

CONTENTS

“住宅养成”的秘密

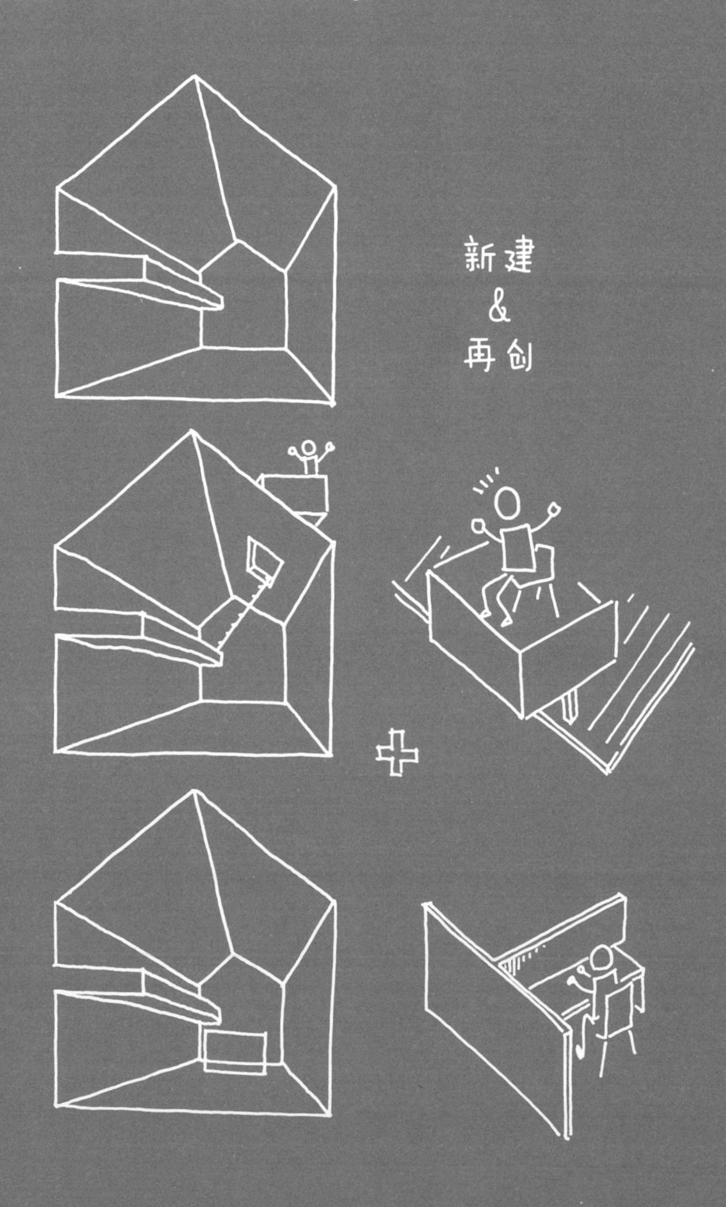

“新建”与“再创”的思维方式

“即自己建造，并不断重复创新过程的思维方式。花时间去养成一个家，而不是“以建成为终点”。或者说，“住宅养成”，就是一种“生活方式的养成”。”

① 以边住边添砖加瓦为前提

以往的住宅建造，都是“以建成为终点”。委托住宅建筑商、装修公司也好，找建筑师也好，一般都要花上几个月时间，一口气把住宅建好。虽然具体施工内容有所不同，但住宅建造的理念都差不多，即一朝建成、永久完事。这种施工方法给供应方（住宅建筑商和装修公司）提供了极大的方便。他们一口气建成住宅，利润就到手了。要是一点点慢慢来，营业额就上不去了。施工完成后虽然会进行定期检查，但对住户也只是报喜不报忧，渐渐就和住户撇清了关系。

住宅建造的传统不曾遭到质疑，就这么一直从过去延续至今。但这种思路是不可取的。家之养成的重点在于建成之后。从最初的设计阶段就开始考虑建成之后的种种，这才是真正的住宅建造。一边住一边根据实际需要渐渐添砖加瓦，让住宅也得以成长。听起来是不是很费劲，很麻烦？但这恰恰该是一个家的本来面貌。一处住宅是属于居住其中的家庭成员的。因此，这些麻烦对于住户也是不可避免的。但是，这些麻烦也正是愉快的家之养成的开始。我们应该改变一下自己的想法了。

“人”也好，“家”也好，都会在时间的长河中遇到各种预料之外的情况

② 规划时把将来考虑在内

“住宅养成”是指在自己新建的家中不断重复创新的过程。也就是“新建&再创”的结合。想像一下家人们5年后的样子吧。10年、20年、30年后又会是什么样呢？这种设想并不是说要在当下考虑好今后所有的事情。初期阶段我们要做的，不仅仅是设想住宅20年后的样子，还要在构造上为将来的创新留出空间。既然今后很长一段时间内要对住宅进行多次创新，那么设计之初的重点，就应着眼于打造结实耐用而又有魅力的住宅“容器”。

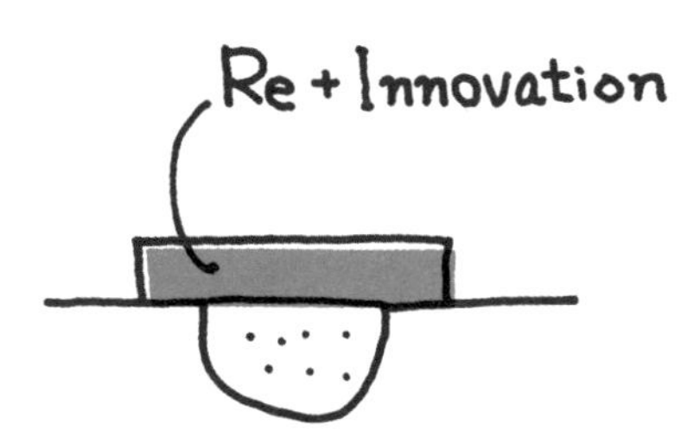

再创=Re+Innovation
通过增添新要素和意义，赋予住宅新的价值。凹陷的地方不填平，而是增加一些别的新东西，让家的形象焕然一新。

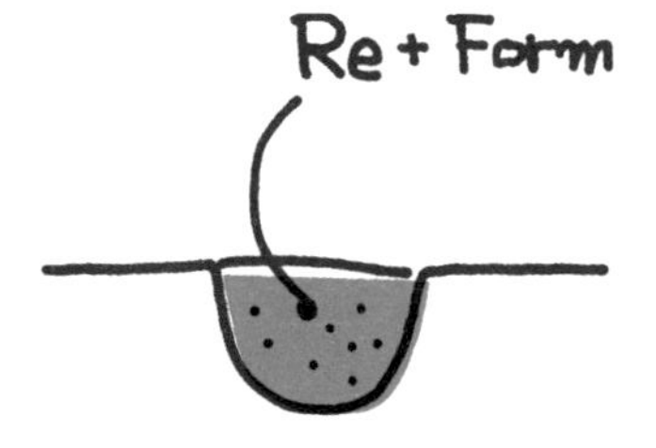

重新塑造=Re+Form
家里有变旧或者损坏了的地方，就进行局部修缮，恢复新建时候的状态。凹陷的地方填平，还原负面因素。

住宅设计从“容器”开始

“设计之初，家的‘容器越小越好’。家是一种会随着其中的人而成长的建筑。一开始的家小一点也没关系，稍有不足也没关系，但质地一定要讲究。”

随着时间的流逝，一个家会和其中居住的人一起成长。一口气完工的住宅设计，就像是在小时候一次性买齐今后各个年龄段的衣服。完全无视以后自己的体型如何、兴趣爱好如何，总之就是一口气借足钱把一辈子的衣服都买好。我们当然不会这么干，那又何必在住宅上执着于一气呵成呢。究

家的基本框架应该像个容器一样

其原因，主要是由于住宅的供应方，也就是商业方的隐形法则。

一个好住宅的样子，我认为应该像一个能容纳生活的“容器”那样。不要太过拘泥于细节。哪怕粗糙一点，只要足够用心，就是一个上乘的“容器”。将来的事情我们没法预测，所以住宅的“容器”也要能容纳我们今后多种多样的人生。

不要被传统的住宅设计常识束缚，我们需要想一想，一个家真正需要的是什么。

容器中可以实现多种多样的“构造”

03 “构造”的养成方法

“构造”指的是住宅容器中的空间划分和设备设置。“构造”是在最初建造的“容器”之基础上渐渐养成的。

“这是一种全世界独一无二、只属于你的住宅设计方法。因为这是家人们一边居住一边想出来的住宅构造。想把一辈子的心愿都写进最初的计划书中，那是不可能的。”

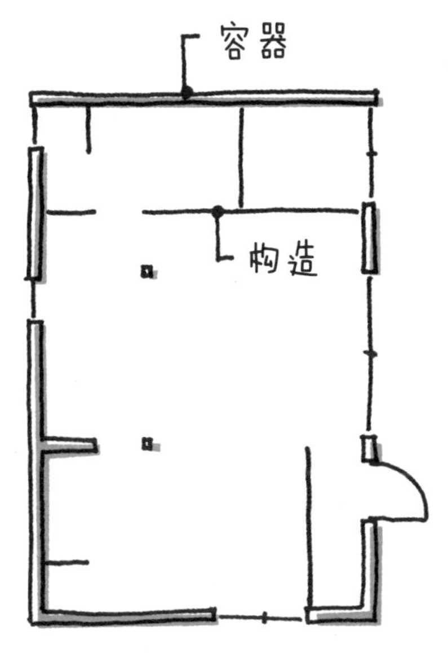

在“容器”中自由成长的“构造”

“全世界独一无二、只属于你的家”——作为营销宣传语，这句话讲的真不错。一看就是住宅开发商和建筑师们会说的那种话。

萝卜白菜，各有所爱，人也是如此，你我他都各不相同。大家的住宅各不相同也是理所当然的事。建筑师总是在拼命试探客户是什么样的人，有什么心爱的事和物。努力地建造出尽可能和客户完美匹配的住宅。但是实际上，这一点很难做到。现阶段设计师能做到的，只能说是建造出满足客户当下需求的住宅。但10年后的事情没法预测。当事人本人都预测不到，更别说其他人了。

我们需要改变一下思路。要创造一个“全世界独一无二、只属于我的家”，并在其中度过一生的话，只有一条路可走：那就是一边居住，一边养成属于自己的家。

住宅的内容部分，也就是本书说的“构造”，需要我们不断进行创新、反复改变外观，这样就能渐渐实现住宅的养成了。

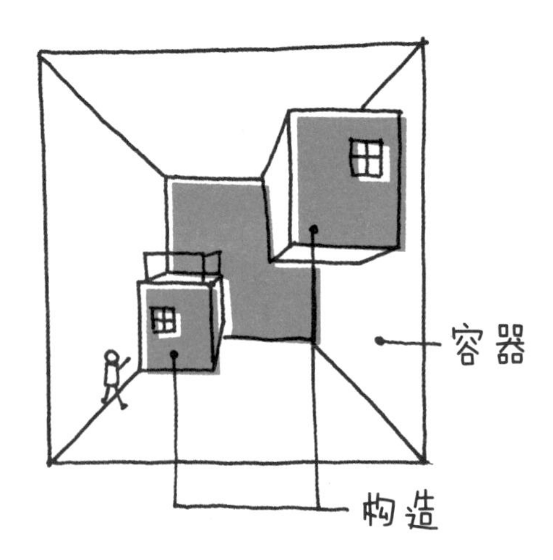

“构造”有着多种可能性

04 预算分配

"住宅养成讲究的是避免一次性过度开销。其实，住房贷款并不一定适合现代社会的大多数人。试试边借边存吧！新家的建成需要巧妙的预算分配。"

住宅养成是一个一边居住，一边逐渐添砖加瓦的过程。这样的家，一开始不需要太大开销。家要往小里建，往大里养。首先，建造住宅的"容器"部分就是一笔很大的开销，但是我们在日后养成的"构造"部分上，尽可能地花费最少的钱。

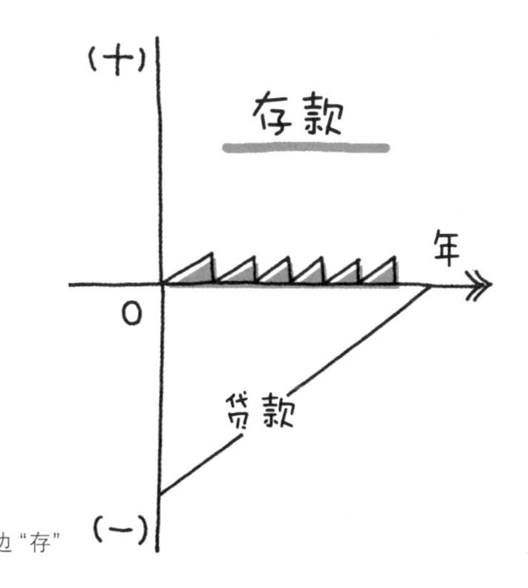

一边"借"一边"存"

忽略琐碎的细节，就可以把成本控制得比较低。基础施工占整体开销的8%，柱和梁等主要构造部分约占9%，屋顶金属板占4%，外墙约占6%，窗口的铝制窗框约占5%。要打造上等的“容器”，并将设备最简化，需要的费用并不会超过整体费用的75%。

住宅养成很重要，为了这个过程的长久持续，我们在初期只花必须花的钱。尽量不要在初期大额贷款，不足的部分则慢慢存钱解决。这笔存款就是“我家的创新基金”。我们必须要改变一下金钱方面的想法了。

建筑施工费用的详细比例表

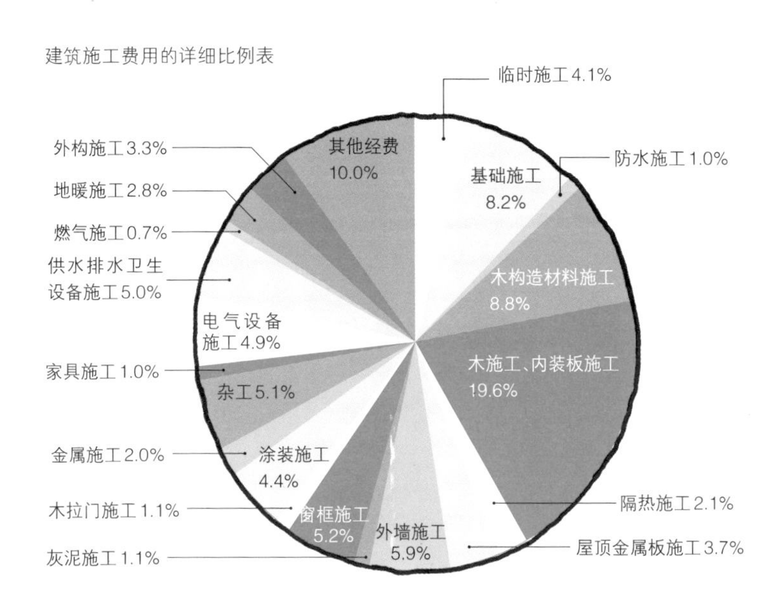

从"学习"到"共创"的过程

"从设计阶段就开始参与是一种非常好的做法。要积极主动和建筑师一起进行设计。不是汇总和传达完自己的要求之后就撒手不管，而是要自己去学习，养成一种共同创造，也就是'共创'的思维习惯。"

试试自己动手画房间平面图、自己动手做模型吧。不要光参观样板房的展示，也要试试参加住宅建造相关的研讨会。这才是住宅建造的第一步。

我口口声声说要参与设计，但这种做法是否可行呢。的确，住宅设计可不简单。正因如此我

参加研讨会

们才需要自己去“学习”。学习之后，下一个重点则是和建筑师一起进行“共创”。我推荐各位参加研讨会，或是实地考察想要使用的材料。最重要的是自己动手画房间平面图，画得不好也没关系。画图不易，但正是通过这种方式，才能明确地向建筑师传达你想要的究竟是什么样的住宅。自己做模型也是一件趣事。搞设计的人都会把模型做出来，立体化之后进行进一步确认。近来电脑制图技术日新月异，三两下就能做出3D图像来。但在住宅设计方面，3D图的说服力远不如模型。

共同“创造”

06 非全权委托式住宅建造

“这是指不全把装修工作交给装修公司、不过分依赖他人的住宅建造方式。哪怕只有一小部分，也自己动手试试吧。自己不动手，也可以另寻高明试试看。日后的住宅养成技能，正是在这最初的装修过程中得到了磨练。”

设计之初，委托人和被委托方会反复进行磋商，然后制作设计图。设计图完成后交给装修公司估价。小型住宅大概需要50张设计图。越靠谱的土木工程公司，制作的估价报告就越详细，设计者要

从完成度较低的家开始

细细核对。估价报告分为材料费、工费和公司收益几个部分。也就是说，委托人提供材料，只付工钱也能开工；反过来讲，只通过装修公司订购材料，自己施工也可以。当然，两边都自己动手也可以。不要想当然地全权委托装修公司，不要过分依赖他人。

需要装修公司来完成的，主要是“容器”部分。其他部分可以先问问自己，“是不是我自己也能做到呢？”

墙漆自己刷，地板自己上蜡，挑战泥瓦匠的工作，试试家具订做。根据具体情况，说不定还能实现有趣的旧料新做。不过要一个人完成这些工作，多少会觉得心里有些没底。这种情况下就请个帮手吧。这个家的建造，有你亲自参与一部分就足够了。这个过程会成为日后住宅养成的练习。

当然，这个过程少不了建筑师，施工现场也要有专业人士在场。最好和建筑师一边商量一边做决定。

留一部分自己动手，
是一件很有趣的事

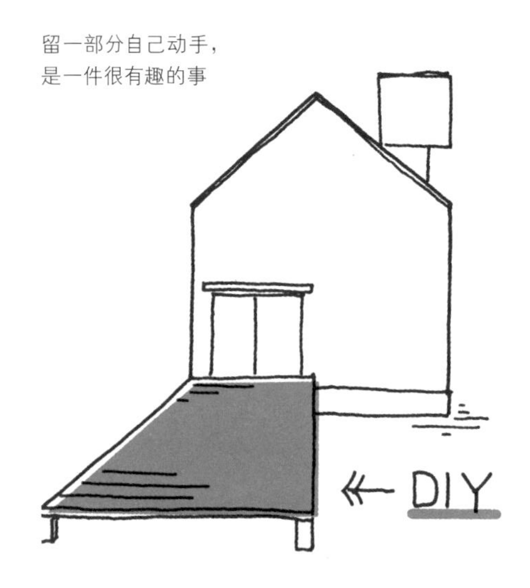

“住宅养成”的案例分析

> “真正的住宅建造其实发生在入住之后……开始生活之后的阶段才是重点。所以家才要一边住一边养。‘住宅养成’的生活里，每天都充满了再思考的乐趣。现在我们来介绍一个充分贯彻‘住宅养成’理念的‘容器’和‘构造’案例。”

这章里我们将看到一个具体的住宅设计方案，展示了一边住一边养的“住宅养成”理念可以怎样付诸实践。

首先，设想住宅入住之初的样貌，据此设计“容器”的方案。假设我们选择了一块不好不坏的标准型土地，要在这土地上搭建“容器”。这容器要能支撑一整段诚实又坚韧的人生，它应该是什么样的？构造体的建造要基于精准的构造计算之上，计划要简单而灵活多变。选择外装材料时，不仅要考虑未来的可能性，还要看重性价比。窗户上采用符合相关法规的铝制窗框，玄关处的门则为定制钢门。内装材料根据涂装的需求选择石膏板或胶合板。室内温热环境既要节能，又要能保证舒适的生活。短寿命的设备机器选用定做品，打造更宽广更自由的极乐家庭环境。照明设计则以光照本身为重点，不依赖照明器具。

本章会对以上几点做出详细解释。

想像一下接下来10年、20年后家里的样子吧。本章将逐个房间分析“构造”的具体养成方法。还提出了将玄关作为独立空间的想法、鞋柜的制作方法、起居室是选择古典风格还是北欧风格等各种可以变化的方案。餐厅和厨房则故意避免岛型结构，考虑到老后生活的乐趣和兴趣，提出了大型餐厨间和从外部进行新改造的方案。“构造”有着无限的养成空间，比如改造卫生间、改变收纳空间好让生活更便利、增加“容器”阶段还不存在的儿童房、转变儿童房的功能，以及充实收纳的各种等。

本章以“‘住宅养成’的秘密”为题，揭示了住宅养成的整体印象：自己动手建造，自己不断地重复创新。从下一章，也就是第1章开始，我会逐条介绍住宅养成的具体方法。不以完成为目标，而是在居住过程中，渐渐完善这个家。让我们来一起走近这样的“住宅养成”吧。

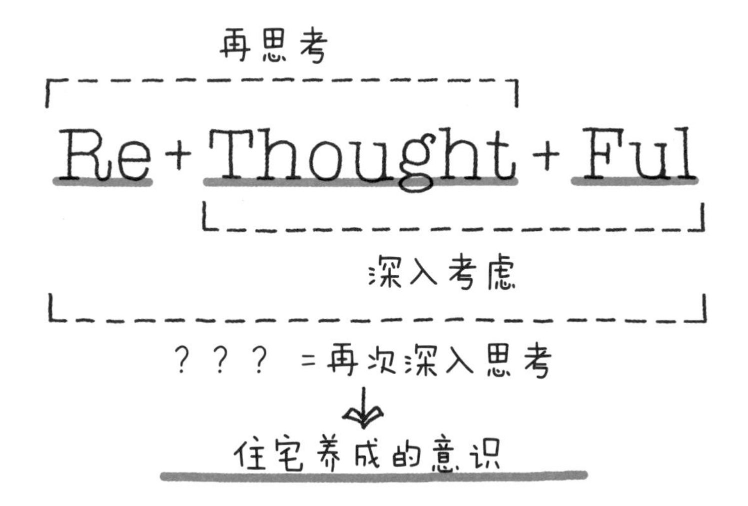

第1章

「新建」&「再创」的思维方式

家的建造是一种人生乐趣

我们不必追求一个完美的家。家是渐渐养育而成的。新家的入住就意味着新的“养成生活”的开始。

新家装修是一件费力且持久的工作。如果是购买现成的公寓，只需要签几个字、盖几个章就能完成任务了。购买商品化的住宅也是如此，只需选择和组合产品目录中现有的东西，就可以完成住宅的建造。“住宅养成”却需要你不断地

自己建造和不断重复创新示意图

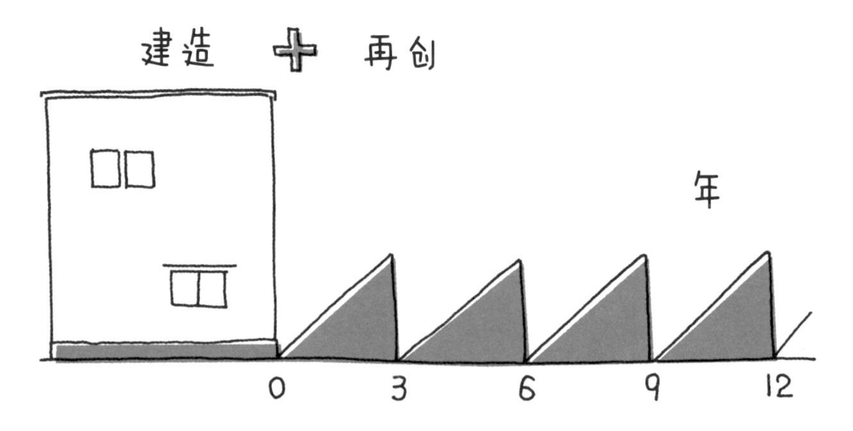

进行思考。一个人住还好说，要是有一大家子人，很容易意见相左。尽管如此，我依然认为“住宅养成”是一个非常有趣的过程。需要思考解决的问题越多，就说明住宅中存在着更多自由多样的可能性。

有一次，我在一个即将完工的施工现场遇到这么一件事。

那时距离完工大约还有两周，正是令人焦头烂额的最后阶段。我正要开始安排各种检查。这家的户主非常讲究，房子也相当精致。设计上花费的时间超出了预定计划，虽然施工进行的相对顺利，但还是导致交房时间稍微延后了。户主对房子的完成度非常满意，看到我如此在意延期一事，就叫住我，说了这么一番话。

“这下可终于要完工了啊。”

一开始我还搞不懂房主想说什么。

“装修搞了一年多，一想这就要结束了，心里就觉得空荡荡的。反正都已经到最后了，剩下的部分

就慢慢完成吧。”

我有点吃惊。客户居然说不急着完工。他这么一说，我反而觉得他们是不是不着急入住，有点担心起来。

这位客户不仅期待着入住新家，也开始享受起住宅建造的过程了。这件事对我来说有着非同小可的意义。我之前也跟客户说过“一起享受装修过程吧”这样的话，但那时我还没法确定，客户对这话能理解几分。

之后，我和这位客户建立了长期的交往，他跟我学了很多家装方面的知识。我后来还碰到许多像这样改变了想法的客户，他们入住之后仍然和我交换信息，也加深了交往。有了这些经验，我渐渐形成了一个信念。这是一个对住宅建造来说很重要的理念，也慢慢促成了我在之后的住宅建造中产生的巨大变化。

我认为，一边生活，一边渐渐提高住宅的完成度，才是一个家的最佳形态。这正是“新建”和“再创”的思维方式。

近来，“再创=Re+Innovation”这个词备受瞩目。究其原因，我们一般认为，首先是由于其经济性，其次或是由于其张扬个性的特点，特别指向年轻一代人的室内装修。

举例来说，对比直接购买新造公寓的情况，二手房可以花更低的价钱买到，其中差价就可以用来实现自己想要的设计和创新。新建公寓一般都整齐划一，毫无乐趣可言。这也是人们选择二手房的原因之一。

杂志和网络上都可以看到很多像这样通过创新打造梦之家的例子。

因此，经济实惠和设计考究都是再创的乐趣所在，但不是唯一的乐趣。“Reform”的概念也曾在过去备受瞩目，但是这个概念和再创的含义却大相径庭。现在我们所说的再创，其特征和特有的乐趣，还有两点值得我们注意。

第1，是“自主创新”的想法

住宅再创时，要是不改动构造体，能改进部分就剩下设备、电气和室内装潢了。设备和电气也许只能靠专家，但室内装潢不是可以自己动手吗。不仅如此，电气、照明器具、开关板等零部件都可以自己安装和改造。越来越多的人开始有这样的想法，再创也就成了大趋势。越来越多的内装材料可以在网上轻松买到，恐怕这也是再创流行的原因之一吧。说来真是令人难以置信，就在几年前，还有很多材料只有专业人士才有渠道购买。而今天，任何人都可以像专业人士一样采购材料，有时候采购价格如此之低，专业人士打着灯笼都找不到呢。

一项调查显示，法国女人的兴趣排行榜中，第一位是园艺，第二位是DIY，也就是自己动手做家具或装饰。这似乎是很多欧洲发达国家的共通之处。“衣食住”这个词表达了人们的基本生活需求，随着人们生活的文化水平提高，对基本需求之一的“住”当然也要提高要求。想要更加考究的住处，也想要自己参与家居创新，这成了越来越多人的思维趋势。

同样的“容器”，不同的“构造”，和风、洋风都能驾驭自如

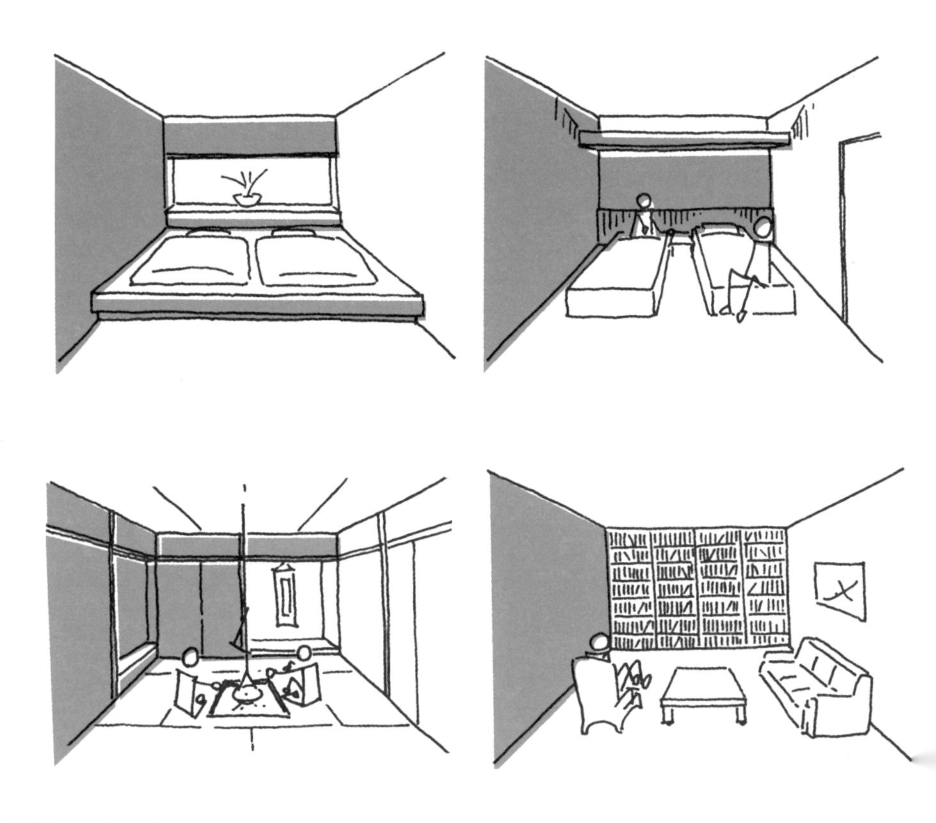

第2,是“持续建造”的理念

这个想法诞生于过去的传统——将装修全权委托专家的方式。正是因为自己在初期阶段动手参与,哪怕只是装修工程的一小部分,才会在以后的日子里也想继续自己动手。日后改造的时候再叫装修公司就有点不太合适了吧。

住宅本来就需要一定的维护管理,这一点自然是大家的共识。不过,一般人对此的理解,主要停留在住宅的持久性上。哪里坏了就修修哪里。随着时间流逝添砖加瓦的做法,与其说是物理层面的,不如说是生活方式、兴趣爱好、设施便利的变化等非常偏向软件方面的维护和管理。

“新建”和“再创”不会完成,也没有终点。也就是说,住宅养成是种一辈子的享受。

没有哪个房子能让你喜欢一辈子

家的建造本来是一件造梦般的事情，如果我们反被住宅决定了今后的人生，那还是赶紧打住，反思一下吧。

人一辈子要买各种东西，房子大概是其中最高价的一件。很多人买房时会选择长期贷款，装修的时候也恨不得把将来的事情都考虑进去。这种想法理所当然，但也正是问题所在。很久以后的将来，真的是你能够预见的吗？

我们假设一对35岁的夫妇准备买房子。从35岁开始偿还住房贷款的话，70岁能还清。那么，在这35年的时间里，这个家庭可能会经历些什么呢？

孩子的出生、抚育和独立。父母搬进来一起住，或是去世。买车，换车。换工作，换公司，创业，退休。生病，家人亡故。兴趣变化，兴趣增加。变卖房产，搬家，出租房子。换新家具，修缮房子，更换设施。遇到大地震……

如果要背负35年的贷款，那就要为这35年内可能发生的各种各样的事情做好灵活的准备。因此要向设计师交代好各种各样的事情后再开始装修房子。然而我们真的能做到万全的准备吗？与其说这是件难事，不如说这么做根本没有意义。很多人充分明白这一点，但迫于高额住房贷款的压力，硬着头皮也要脑补出这35年来。

然而人生没有这么单纯。世事难料，有好事，也有坏事。正因如此，人生才是美丽而残酷的啊。

也可以这样想，正因为世事不会如计划般一帆风顺，我们人类才得以活下去。

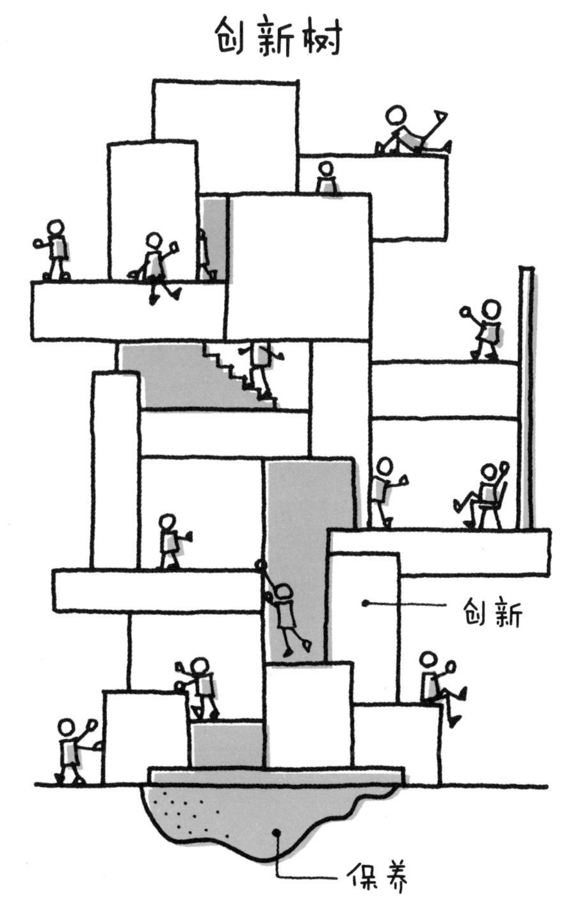

持续成长的再创树状图

家的修缮与再创

持家意味着对住宅进行维护管理。购买公寓后，每个月都需要存下800～1 200元存款作为修缮基金。比如设备管线的更换和防水处理、外墙和外部结构的修缮等，大概10年就需要进行大规模修缮，也少不了要花钱。但这只是公用部分的修缮，自家部分的修缮又是另一回事。修缮存款存再多，也不是自家用的。因此，如果选择买公寓，记得把自家那份维护管理费也存下来。

独门独户的住宅更是如此。假设房子一建成就入住，没有进行任何改造，那么大约10年后，家中各处就该修修补补了。外墙重新刷漆、外观替换、防水修补、设备管线的清洗和更换等，都是不可避免的工作。

这些住宅的修缮工作中会遇到不可回避的一个问题，那就是你想建造一个什么样的家。

本书所说的“再创”和“修缮”的意思完全不同，但是两种思路的方向是一致的。

“修缮”是指家里有了损伤或者损坏的地方时将其回复原状。可以理解为和“Reform”一样的含义。与“修缮”相对，“再创”指的则是一种革新，是

一种通过自己动手实现的新价值的添加。如果说把凹陷的地方填平就是“修缮”的话，那再创就是在凹陷的地方添上一块新的东西。

“新建”与“再创”的住宅养成模式不以完成为目的。消去完成这个概念，而时时刻刻进行和生活相适应的住宅养成，将住宅建造可持续化，这才是家的乐趣所在。

第2章

住宅设计从「容器」开始

01 住宅就像人体

住宅由构造体、内装外装材料、设备三部分组成。说起来和人体结构有些相似。人体是由骨骼、皮肉、内脏和血管等组成，那么住宅的构造体就相当于骨骼，内装外装材料相当于皮肉，设备就相当于人体的内脏和血管了。住宅和人体一样，构造要充分均衡，也需要进行健康管理，也就是保养维护。

本章所说的“容器”，正是相当于人体的骨骼和主要部分的皮肉。结实的骨骼比什么都重要。

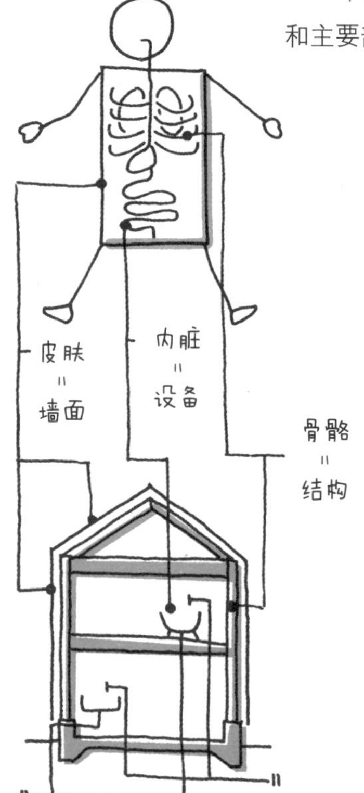

“人”与“家”非常相似

住宅就像“容器”

我认为，住宅是容纳人、容纳家庭的容器。“住宅养成”的第一步，就是要打造一个值得依赖的容器。首先要充分调查建筑地点周边的环境，根据地势建造相应的容器。也要充分考虑采光通风等被动式设计。

最后建造出来的“容器”，少说也得要耐得住百年风霜吧。

第1，要坚固又耐用

坚固的容器，不仅要防水防雨，在地震、火灾等灾难来临或外敌来袭时，还要能起到保护家里人的作用。容器给人的感觉和厚重粗糙的陶器有点相似。不管周遭环境随着时间的流逝发生了怎样的变化，一个能让人放心依赖的家之容器是恒常不变的。

第2，要简单又实用

不要进行多余的装饰，维持容器本身朴素的样子。像插花的容器那样，不管里面的花怎样争奇斗艳，容器本身依然力求画一般的朴素。

日式茶前料理中会使用一种八寸器皿。这种器皿的尺寸如其名字，就是八寸（约24 cm的正方形）。厨师会在器皿中放2～3种食材，为食客呈现出多样化的料理。这种器皿简单而不花哨的设计适用于各种场合。住宅也是如此。人的一生很长，会发生各种各样的事。一个理想的家，也要能灵活地应对各种场合。

第3，使用时间越长，就越是别有风味

让我们用漆器打个比方。适当保养、注意正确使用漆器的话，会越用越好看，使用感令人赏心悦目。如果放着不用的话，漆器就不会有那种用久了的风味。住宅也是同理。只要正确地保养、爱惜地使用，住宅也可以一直保持美丽的样子。美是一种良性循环，因此无论何时都要认真对待。

拿摔破了的陶器打个比方。有形体的物品，不管用得多小心，都会有损坏的时候。陶器摔破了，可以用漆或者金属重新黏合起来，裂纹就可以成为一道别样的“风景”。甚至还能带来无法用数字衡量的新的价值。

八寸皿中色彩丰富的摆盘让食客赏心悦目

住宅也一样。时间一久，墙上的灰泥就会硬化。如果这时再遇上意料之外的环境变化或者地震，墙体就可能开裂。大大的裂痕会影响美观，如果裂痕漏雨，那肯定要修补一下；如果不漏，那何不干脆以这种风格为乐呢？纯木地板和家具也会发生变形和弯曲。如果变形影响到了家具的功能，那就要进行修补，稍微切削和打磨一下即可。像这样的一点一滴就会在房子里留下年龄的痕迹。这样一来，住宅越是老旧，反而越是有种古旧美。人们对自己家的留恋之情就是这样渐渐产生的。

第4，容器终究只是配角

容器虽然也有容器的可爱之处，但它终究只是配角。“器”中所容之物才是主角。人们在住宅内部经营起来的生活，在岁月中不断成长、可延续百年有余的生活图景，才是住宅设计的主角。还是把“容器”当做主要配角来看待比较好。

住宅和人格一样，也可以尺寸小而“器量大”。这样的家才是一个理想的家。

“容器”的基本规格

① 构造

根据现有规定，2层以下的木造住宅基本上可以不用进行构造计算。因此，很多2层木造住宅建成后都没能保留房子的客观数据。这是不可否认的事实（3层的房子规定要进行构造计算）。

按照“住宅养成”的思路，哪怕是平房也要进行构造计算。因为“住宅养成”是随着时间流逝给住房添砖加瓦的居住方式。未来家中可能会新垒一堵墙，或是敲掉一面墙，又或是在墙上开个洞，可能发生各种各样的改造。不管过了多少年，事先完成的精准构造计算会帮助你在住宅改造时做出正确的判断。

住宅的构造计算会在将来派上用场

我们有时会把木匠叫做“家的守护神”。这意味着建好一处住宅并终生守护住宅。这是一种非常好的想法，以设计为主要工作的建筑师也应有这样的想法。房子的寿命可比人的长。不管是多有名的工匠或建筑师，也没法一直持续维护住宅。房子的寿命实在是太长了，所以需要我们做好构造计算。住宅结构要是只凭个人感性建成，是没法应对不可测的未来需求的。

木造住宅比其他结构的住宅更加独特。大量柱、梁和墙壁结构复杂，让人分不清哪些柱子和墙壁是构造体，哪些和房子构造无关。木造住宅的柱子和墙壁并不全起着构造方面的作用。就拿柱子来说，有些柱子是支撑着住宅的结构柱，有些则只是装饰或起固定装饰材料的作用。墙壁也是同理。不是所有的墙都能在地震中支撑房屋，有的墙只起分隔空间的作用。精确的构造计算可以区分柱子和墙的构造部分和非构造部分。这项准备做好了，将来的改造就不会出问题了。

“住宅养成”需要进行详细的构造计算，并标示出构造部材和非构造部材的部分。

② 气密性和隔热性

住宅环境对气密性和隔热性有着很高的要求。无论哪一项有欠缺，都会让家中环境变得不够舒适。大部分人都会关心房子的隔热性，却很少有人理解气密性这个概念。

在此我先澄清一种错误的认识。

有这么一种说法，认为“公寓房比独栋房暖

和”。这个说法在一定条件下是大致正确的。但要说“混凝土住房比木造住房暖和”就是一种误解了。公寓房是混凝土建造，但不见得因此而暖和。公寓房的室内空间比靠近外墙的墙壁部分要稍微暖和一点儿。因为室内空间不易受到外面空气的影响。最顶层的房子受日射影响较大，和外部空气接触的墙面也比较多，所以冬天不暖和，夏天不凉快。

实际上，混凝土造住宅比木造住宅体感要冷。原因在于材料的热传导率。木材柱子的热传导率为0.12左右，混凝土的热传导率则为1.6。热传导率的数值越小，隔热性越好，也就是说混凝土住宅更易导热，导致家里冬天冷夏天热。顺便一提玻璃的热传导率为1.0，公寓房混凝土墙的导热程度可见一斑。同等厚度条件下，混凝土的导热为木材的13倍。因此，公寓房的混凝土墙内要喷灌隔热材料。隔热材料有很多种，一般多用热传导率在0.03上下的材料。公寓房的隔热层一般都很薄。尽管社会上节能的呼吁高涨，现在市面流通的分售住宅的隔热层依然做得很薄。理由很简单。本来隔热

一体化的气密与隔热

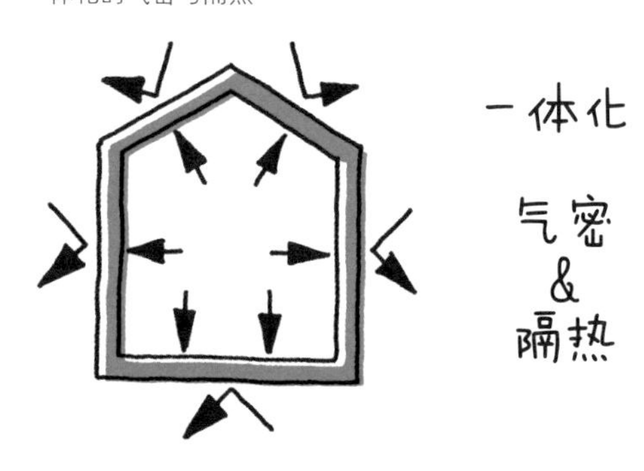

热传导率（单位：$w \cdot m^{-1} \cdot k^{-1}$）

材料			
铜	370.0	3 083.0	
铝	200.0	1 667.0	↑ 易导热
钢材	53.0	442.0	
铅	35.0	292.0	
不锈钢	15.0	125.0	
混凝土	1.6	13.3	
砂浆	1.5	12.5	
瓷砖	1.3	10.8	
玻璃	1.0	8.3	
耐火砖	0.99	8.3	
灰泥	0.70	5.8	
土墙	0.69	5.8	
普通砖	0.62	5.2	
水（20°）	0.589	4.9	铁的导热是松木的442倍
聚氨酯	0.300	2.5	
石膏板	0.220	1.8	
塑料	0.300	1.6	
木材（栎木、樱木）	0.190	1.6	
木片水泥板	0.170	1.4	
氯化乙烯树脂	0.170	1.4	
木材（松木、柳安木）	0.150	1.3	
木材（桧木、杉木、松木）	0.120	1.0	
榻榻米	0.110	0.9	
住宅用玻璃 10 K	0.050	0.4	
挤出法聚苯乙烯泡沫	0.040	0.3	
聚乙烯泡沫A	0.038	0.3	
苯酚泡沫一种一号	0.038	0.3	
硬质氨基甲酸乙酯泡沫保温板一种一号	0.024	0.2	难导热 ↓
空气	0.024	0.2	

层至少也应该有10 cm厚，分售住宅的实际厚度却只有2 cm左右。因为太厚的隔热层会让房间显得狭小。哪怕牺牲隔热性能，也要让房子看起来更大更好卖。就是这么一回事。

木造的住宅就不用担心隔热层厚度的问题。要确保充分的隔热性能，有很多种方法。可以采用填充隔热法，在墙壁内部填充隔热材料；也可以选择外部隔热法，把板状的隔热材料贴在外墙上。另外在东京，木造住宅的高性能玻璃墙厚度必须达到90 mm以上，这倒不是什么难事，只要填充进柱子和柱子之间的墙壁即可。

除了隔热性，还要切记气密性。混凝土造的住宅隔热性虽差，气密性却非常好。但这掩盖不了隔热差的缺点，高气密低隔热很容易引起结露现象。这和玻璃杯上产生水珠是一个道理。

在作为设计重点之一的气密性方面，木造住宅的表现却不太好。也就是说，木造住宅的缝隙会漏风。很多住房建造商采用的轻量铁骨构造，气密性也很差。气密性用C值表示，意为每平方米的地板面积中缝隙的平方厘米数。大住房建造商采用的铁骨构造的C值约为5.0，但这个数值一般不对

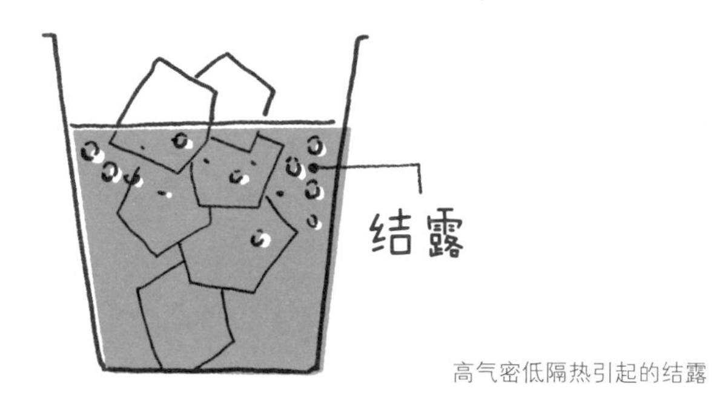

高气密低隔热引起的结露

大众公开。一般木造住宅的高度气密化可以达到2.0～3.0的C值，施工细致些的话，C值达到1.0也不是不可能。

“住宅养成”不仅重视坚固的构造，也同样重视良好的气密性和隔热性。气密性和隔热性能很难在后期设法提高。

③ 温热环境

● 温热环境与被动式设计

“Ecology”本来是生态学方面的词汇，如今含义更广泛，也用于指以保护自然环境，以人类生活和自然环境共存为目标的思维方式，简称“Eco”。“Eco”现在成了各行各业的关键词。

有一种叫做Olgay曲线的图表。这种图表知名度很高，它把室内温热环境的控制分为机械方法（使用空调等机械控制）和建筑方法（不使用机

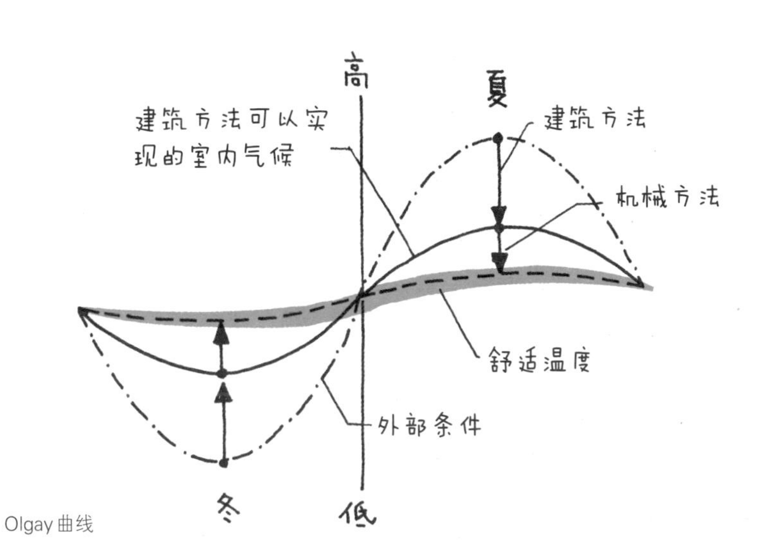

Olgay曲线

械，而是通过巧妙利用房檐等方法控制），哪种方式的控制效果更好，都能通过图表简洁地表现出来。图表横轴表示春夏秋冬四个季节，纵轴表示温度。相对于室外冬冷夏热的环境，建筑控制方法可以让冬天的室内暖和一点，夏天凉爽一点。但仅仅如此还不够，剩下部分就要通过机械方法，即空调等设备来补足。

想必读者们一定听说过被动式设计这个说法吧。这种设计方法是指通过建筑性方法建造高气

控制光、热和风的被动式设计手段

密高隔热的建筑，定期通风。比如通过设计窗户的长度和形状，使其能多遮挡夏季的日射，少遮挡冬季的日射；或是通过改变窗户的形状、位置和打开方式，巧妙地设计室内风的风向和气压，总之是要极力避免机械手段而实现舒适的室内环境。这种思路是我们所说的“住宅养成”之基本。当然空调也是要用的，但不过分依赖，这样的住宅设计才是我们的目标。

④ 外墙

外墙的设计需要注意什么呢？外墙的强度要能遮挡风雨、隔热隔音，还要能抵挡物理冲击，长期保护房子和住在房子里的人。这就对外墙的各种性能提出了很高的要求。耐水性、耐风压性、遮热遮音性、耐冲击性、耐冻性都越强越好。

另一方面，施工和保养的便利性也很重要。施工的便利性不仅可以减少施工费开支，还和施工完成度紧密相关。如果房子的施工难度很高，就算能请到技艺精湛的工人完成，可到了以后，房子的维护管理要找谁来做呢？想到这里就很难高

完全免维护的材料是不存在的。我们应该将免维护材料理解为想维护时却没法进行维护的材料。

兴得太早。因此，维护的便利性是一个很重要的施工指标。选择材料的时候，我们要充分考虑到，我们的房子会在将来的什么时候由谁进行怎样的维护。

选择一：木质板壁

桧木抗风雪的能力相对较强，将这种木材加工出榫头（榫头＝凹凸）后可用于外墙面。表面一般涂有防腐剂，房产建造商一般会推荐你7～8年后重涂一次。某家房产商的实例表明，房屋建成14年后，大约10%的外墙板都要进行替换。不过反过来说，当外墙损坏时，只需替换受损的那一块墙板即可，这可以说是墙板这种材料的一大优点。

木材有着令人心静的效果。和窑业板壁相比，木材板壁可能会变形、腐烂、开裂，保养起来非常费

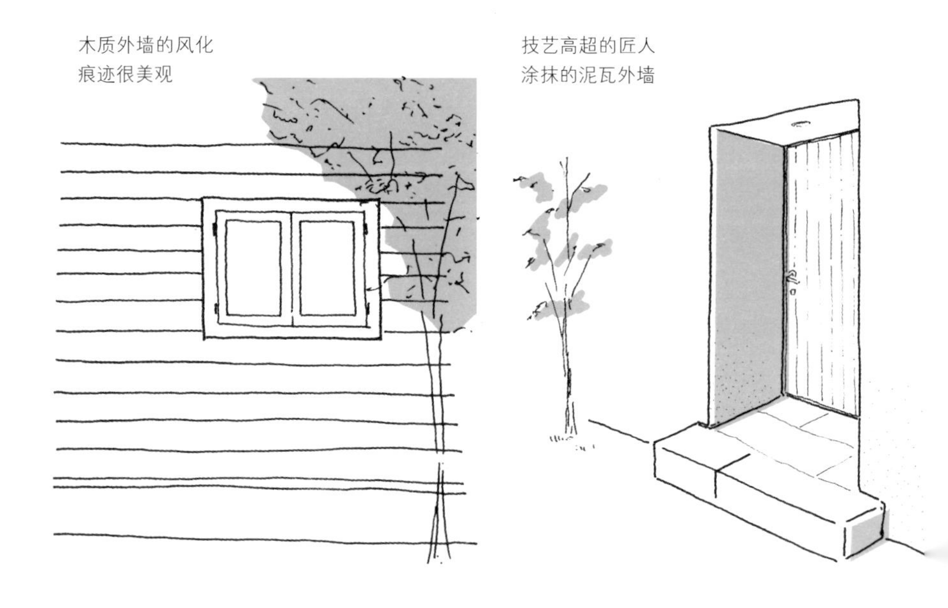

劲。尽管如此，街头巷尾的木质板壁的建筑物还是随处可见，变色的木板产生画一般复古的色调，一年四季为人们呈现着美丽的风景，让人不知不觉驻足观看。

选择二：灰泥抹墙

指泥瓦匠用抹子仔细涂抹的灰泥外墙。这种墙一般都是砂浆打底，表面再做各种最终处理，非常美观。过去有些匠人继承了当地的传统手艺，灵活运用当地采集的泥土来涂抹外墙。这样一来，就渐渐形成了色调和质感充满了当地特色的街道。真正的灰泥墙壁经过百年后会发生硬化，墙上会产生裂纹，而我们的祖先则把裂痕也当做是一道自然的风景，欣然接受。近年来，以硅藻土为首的各种泥瓦润饰材料也开始投入大规模生产。

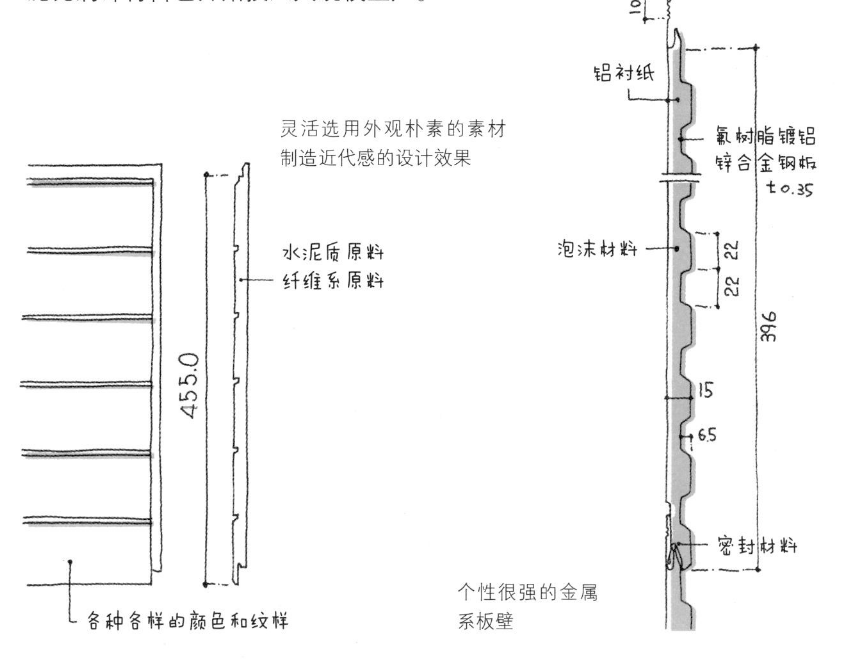

灵活选用外观朴素的素材制造近代感的设计效果

个性很强的金属系板壁

选择三：窑业板壁

窑业板壁的主要成分是水泥质原料和纤维质原料，两者在炉中经高温高压成形，并硬化成板状材料，厚15 mm左右。材料表面非常多样化，可做成瓷砖图案或者木纹图案，但我还是推荐各位使用素板比较好。如果情况允许，还可以选择涂装成品或是进行现场涂装。现场涂装价格更贵，但这种做法的魅力在于你可以把外墙涂成自己喜欢的颜色。

选择四：金属系板壁或者金属板装饰

金属系板壁主要为镀铝锌合金钢板等耐候性强的金属板，经过弯折加工后可用于外墙面。金属板装饰是指请金属板工匠到装修现场，将镀铝锌合金钢板等金属板贴在墙上。耐候性极强是这种方法的优点之一。

外墙的设计不能和周围环境独立开来。不管

外墙是街道风貌的一大要素

你愿不愿意，外墙终究是要给别人看的。墙的外观至少不能给路过的行人带来不快感。理想的房子外观，会让人不顾绕远路也想要特地从房子外面路过。毕竟外墙是组成街道风貌的一大要素。

“住宅养成法”的外墙采用通气工法，在墙体表面和隔热层之间设计通气层。表面润饰则请泥瓦匠涂上砂浆，再喷涂弹性涂料。这一做法兼顾了成本和美观，也充分考虑到了将来的保养和更换别的材料的可行性。

不管多好的材料，过个10年15年，也必须要进行保养。到那时，切记重新思考一下。重新涂装的话，至少也要再用上10个年头。动工之前，也可以考虑使用灰泥等其他材料。或者贴木质板壁、金属板等。

出乎意料的是，外墙保养已经算比较省事的部分了。外墙施工要搭的脚手架会花费一定的费用。不过，按照通常的保养工序，房屋建成15年前后要进行窗框边缘密封的修补和屋顶的检查，早晚都要搭起脚手架。这是一个重新考虑外墙设计的时机。可以一边住一边进行更换。“住宅养成”的基本，就是以避免搬家的麻烦、实现边住边改造为前提。砂浆+弹性涂料喷涂的材料搭配兼顾了美观和将来变化的高度通用性。

⑤ 内墙

内墙材料追求隔热性、气密性，还要保护构造体不受室内延烧和湿度的影响。内墙一般使用石膏板。日本工业标准（JIS）规定的石膏板厚度大，相应的不燃性也就比较高。不过石膏板自身并没有隔热和气密的作用，要另外使用隔热材料来弥补，气密性也可以通过贴防水布来提高，无须担心使用方面的问题。石膏板内墙完成后，肯定不能直接住进去。大部分住宅的石膏板内墙上贴有乙烯树脂墙纸。这种墙纸价格便宜、施工性好，也能满足防火方面的法律要求。

一部分内墙需要具备特殊性能。比如厨房炉灶周围的墙壁要有良好的耐火、耐热性。内墙的有些部位要能遮热。水槽和洗脸池周围、浴缸附近的墙壁和天花板则要有良好的防水性。其他比如脏

【你还要用乙烯树脂墙纸吗？】

乙烯树脂墙纸的特点是污渍易清洁，但事实证明并非如此。换墙纸的工作量也很大。墙纸部分老化、想贴新的时，可能同款的墙纸已经停产，买不到了。揭下来的乙烯墙纸会造成大量产业废弃物，修补墙纸下面的石膏板也是个大工程。这个过程会产生大量粉尘，根本没法实现一边住一边换墙纸。最近市面上有一种专门涂在乙烯墙纸上的涂料，这恐怕是乙烯墙纸保养的唯一选择了吧。但是这种涂料的外观效果可能比预想中差很多。乙烯墙纸完全不符合一边住一边妥善保养的理念。

尽管如此，日本大多数住宅的墙面和天花板还是贴着乙烯树脂墙纸的石膏板。原因在于这种墙纸价格便宜、施工速度快。大多数日本人都习惯了乙烯树脂墙纸，因此我们更应该重新思考下墙纸的选择了。

到欧洲去的话，你会发现很多酒店房间里有种很不可思议的安心氛围。他们贴的墙纸是布制的或者灰泥和涂装，而不是乙烯树脂。日本的旅馆有的也是灰泥涂抹的墙壁，也会给人一种同样的安心感。

墙壁和天花板贴乙烯树脂墙纸的做法为什么这么普及，也就不奇怪了。

了要便于擦拭的部位、照片墙的部位或者需要特殊隔音或者吸音效果的部位等。特殊的部位要根据其特殊需求选择材料。

“养成式住宅”的内墙和天花板主要有两种选择。一种方案是石膏板，表面涂装。选用石膏板是为了满足法律规定的不可燃限制。另一种方案是选择胶合板等木板，贴好后再涂装。这个方案适合没有不可燃限制的情况。胶合板厚度约为5.5 mm，和石膏板相比更方便后期上螺丝，能给今后的住宅养成带来很多方便。胶合板的涂装也比石膏板更简单。DIY涂装最大的难点就是接缝处的墙底处理，胶合板的涂装最大的魅力，就是可以绕开这件难事。施工费方面，如果只考虑板材花费，胶合板价格更高。但是考虑到DIY涂装的可能性和便利性，果然还是胶合板更占优势。

当然，需要防水的水槽、洗脸池和浴室周边还是要选择防水性好的材料。

不管选用哪种墙板，润饰都以涂装为准。涂装最大的魅力在于颜色选择的自由度。我们一般是从日本涂料工业协会的色卡中选择。2015年版色卡有624种颜色。最近还有商店专营DIY用涂料。有些房产商提供3 000种以上的颜色，光看色卡就很有趣。我推荐各位住户自己购买涂料、自己进行涂装，这也是为将来的保养做练习。施工的时候可以向专业涂装工人求教。

涂装的另一个魅力在于将来可以重叠涂色。过个几年，在墙上叠涂别的颜色非常简单，外行人也能轻松搞定。最重要的一点是，重涂不会产生垃圾。相比之下，乙烯树脂墙纸则会产生大量垃圾。

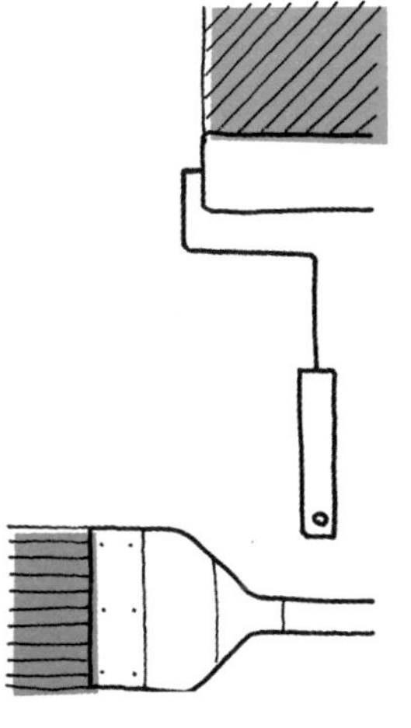

内墙和天花板选用石膏板或胶合板，再进行表面涂装

改用涂装可是一件大事，因为这样的再创不会产生产业废弃物。

欧洲的一些旅馆里可以看到这样的光景：剥落的墙角内，过去墙壁的颜色露了出来。这会给人带来一种时间留痕的美感。

⑥ 天花板

天花板的“性能”和“机能”同墙壁基本一样。最上层的天花板则要有进一步的隔热性，下层的天花板则要能有效控制上面传来的震动噪声。比起天花板材本身，还是其中的隔热材料更能决定天花板的性能。

公寓房在整建时常常会故意揭下天花板。这是为了尽可能让天花板显得更高，或是为了追求混凝土的粗糙质感。有了这些经验，我有时会想，天花板对房子来说真的是必须的吗?

现代建筑物的姿态正渐渐向机能化的方向转变。体现这种变化的最典型部位可能就是天花板了。过去的天花板是起装饰作用。方格天花板就是一种在日本和海外都很常见的装饰。另外，灰

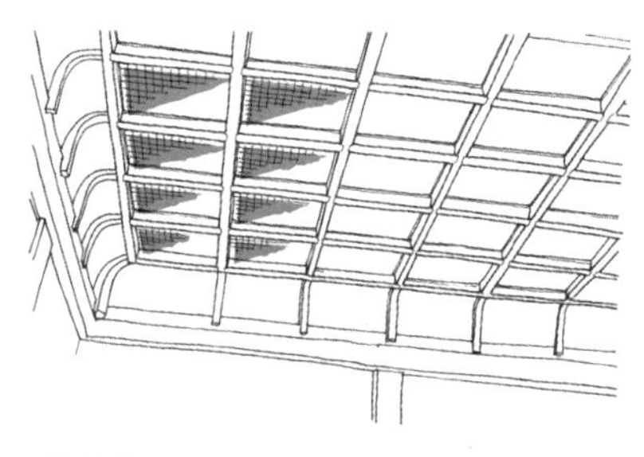

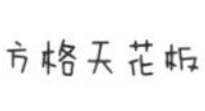

方格天花板

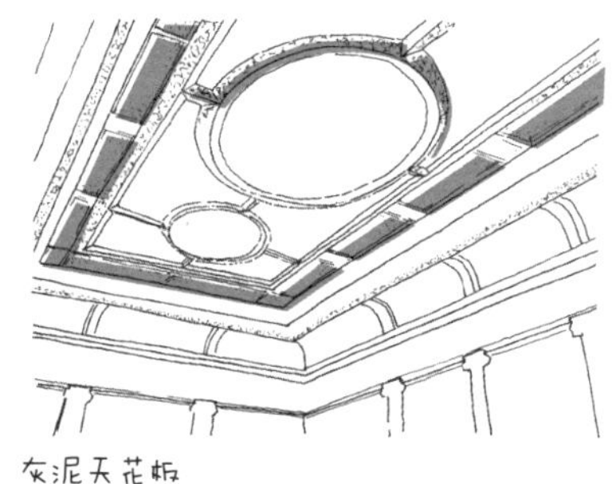

灰泥天花板

泥装饰和壁画装饰等也非常多见。但是现在建筑物的天花板却趋于简洁，这种现象可不仅仅见于住宅装修。

在追求机能性和经济性的当下，天花板已经不再是必需品了吧。

“养成式住宅”的天花板也倾向于机能化。按照住宅养成的趣旨，最开始的天花板要尽量少有装饰。石膏板加涂装即可，试着给天花板涂上和墙壁不同的颜色也是种有趣的尝试。

⑦ 地板

地板是建材中很重要的一种直接和人体接触的素材。要想过“在家光脚”的生活，地板的选择更是重要。地板承受着身体的全部重量，有些人可能还会想直接坐在地板上。地板要承载家具，同时也要经得住不小心洒在地板上的水。地板材料的选择一定要坚固得超乎想象，同时还要有舒适的触感。进家脱鞋的生活更适用木质地板，纯木地板尤为佳。

其他材料我还推荐平台梯板。

另外，混凝土地面也可以活用于赤脚的生活方式，打造成土间空间。

1 木制地板

［素材感］

木地板选择的最大标准就是素材感。外观、皮肤的触感和微微的香气都很重要。对素材感的要求不同，就要选择不同种类的地板。“养成式住宅”

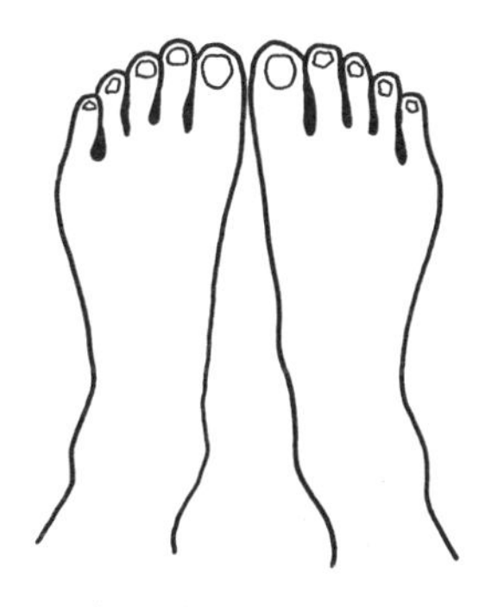

光脚走的地板推荐使用纯木地板

的地板必须要经久耐用，木材也要可以养成。纯木地板当然就成了不二之选。为了将来能形成别有味道的地板伤痕，地板表面不要涂滑溜溜的涂层，而是通过打蜡呈现木材原有的素材感。给地板打蜡不需要表面涂膜，地板的调湿效果也能得到保留。地板厚度15～20 mm左右为佳。

日本住宅大多采用复合地板，也就是芯材和饰面组成的加工制品，只有表面贴着的一层是实木。表层比较薄，约0.3 mm厚。这种地板要是有磨损，会露出底下的胶合板。浸水后会变形发胀。磨损后的外观也不会有独特的味道。

欧洲的一些旅馆的地板上布满了高跟鞋留下的伤痕，但却有一种美感。

[树种]

能做成地板的树种有很多。大致分为针叶木和阔叶木两种。前者主要是杉木、松木、桧木等质地柔软且触感舒适的树种（桧木是针叶木中较硬的树种）；后者主要是栎木、栗木、柚木等质地坚硬但木纹美观的树种。质地柔软的木材，木纹之间有很多空气层，摸起来手感温暖。缺点是太软容易损伤。而质地坚硬的木材比较密实，木纹之间空气层较小，摸起来手感冰冷。因其质地坚硬所以也不容易留伤痕，充分干燥的硬木适合用于地暖系统。

Aging = Taste

老化=风味

“养成式住宅”可以使用松木、杉木等针叶木，也可以使用栎木、柚木等阔叶木，具体选择可以根据室内想要的素材感来考虑。

[润饰]

过去日本的住宅中都有铺木板的空间，比如连接走廊和和室的套廊。这部分一般被称为缘甲板（窄条地板），主要使用桧木和栗木等纯木材。使用前不做任何润饰，而是长年累月的用布蘸糠擦拭，渐渐擦出表面的光泽。“养成式住宅”使用的也是纯木地板，理想情况下也可以采用和过去一样的做法，不过我也推荐使用现代的优质地板蜡。

有一种叫做蜜蜡的东西，仅用蜜蜡和苏子油制成，对人体安全无害。在各种地板蜡当中，蜜蜡不同于聚氨酯材料，不用在木材表面涂膜。如果红酒洒在地板上，酒的颜色会染进地板，但地板的触感和调湿效果不受影响。一边住一边能看到地板的变化，这就是上地板蜡的魅力所在。

2 平台梯板

平台梯是施工现场用的临时搭建器材。最近的平台梯多用金属板，木板很少见了。平台梯板个性强烈，人们将其活用于室内装潢的需求越来越大，不论是旧品还是新品，都可以在网上轻松买到。

[素材感・树种]

旧平台梯板的损伤感有着独特的魅力，但稳定性差，不推荐用做住宅地板。在这里我们主要介绍一下新品的平台梯板。

梯板大多为杉木，推荐使用35 mm的厚板。板子表面有木刺，刷涂加工过后就不扎手了。但在实际使用时，板面还需要用磨光机（锉刀）进行处理。如果家里有孩子就更要多加注意。为了提高尺寸精度，有时还要切割调整板材的尺寸。这一步可以委托相关专业人士，不过市面上的梯板商品大都是已经天然风干过的木板。就算这样，1年后木板还是会翘起或弯曲，请把这种变形也当做独特的风貌吧。此外，由于平台梯板不像木地板那样有榫头（凹凸），脏东西会通过地板缝隙掉进地板下面。为了避免这种情况，最好在平台梯板下面贴一层约3 mm厚的薄合板。

［润饰］

平台梯板的润饰和地板是同一种思路，先用磨光机好好打磨，磨光表面的粗糙质感，然后用地板蜡处理表面，呈现出平台梯板特有的重量感。比起无色蜜蜡，我更推荐使用可以着色的地板蜡。

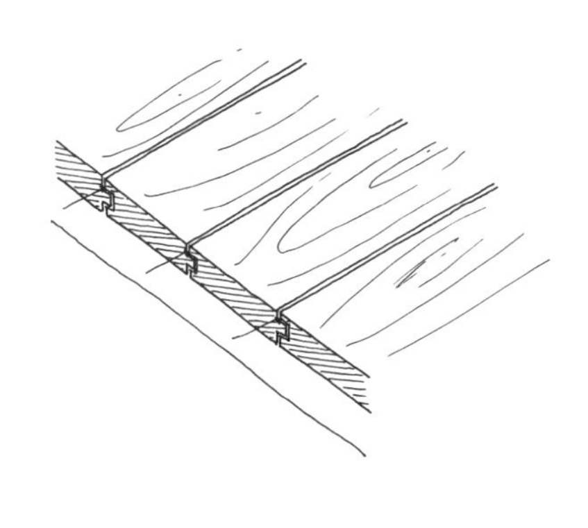

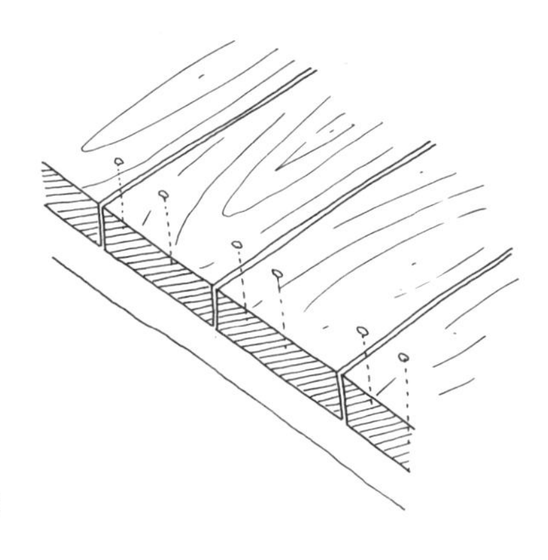

有榫头（凹凸）的木地板和没有榫头的平台梯板

3 纯木材的缺点

纯木材也有缺点，即翘曲、开裂、变形等，主要由温度和湿度的变化引起。如果在干燥的冬季进行施工，地板间的缝隙要稍微留大一点，这一点要请木工贴地板时多加留意。但是，我们自己也要能够包容一定程度的翘曲和开裂。地暖部分的地板更要注意防范翘曲和开裂。“养成式住宅”使用的地暖为蓄热式，埋设在混凝土的素土地面之内，表面温度相对较低，对上面贴着的木地板产生的不良影响也较小。

“养成式住宅”的地板可以采用纯木地板、平台梯板和金属抹刀抹匀的混凝土地面。每种地板材料都为将来的替换做了充分考虑，不过原则上来说，我们还是应该选择出现损伤和污渍不会影响美观、修缮起来也能充满乐趣的材料。

不论使用纯木地板还是平台梯板，过了20年，如果地板表面的污渍实在看不下去，可以用磨光机削掉表面一层，地板就会焕然一新了。

混凝土地面适合朴素的室内风格。表面透明涂装，旨在不破坏混凝土原有的风貌。消光或光泽处理均可，以突出混凝土特点为准。

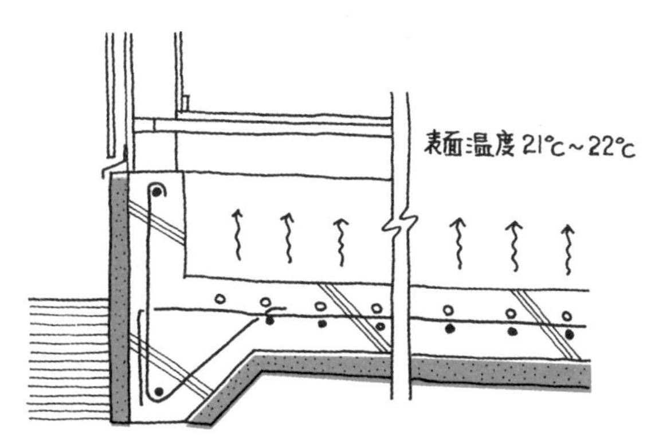

打进房基中的蓄热式地暖

承载“容器”的土地

下层土地决定上层建筑。设计之前要先吃透土地的状况。如果准备购买土地盖房子，可以先思考自己想要什么样的家和生活方式。先设想房子的样子，然后再寻找盖房子的土地。

“容器”要根据地基建造。设想你心目中理想“容器”的样子，然后据此寻找合适的土地。毕竟建筑物与地基之前的联系是剪不断的。

每一块地基都是独一无二的。因此一定要搞清楚土地的地形。这是一件难却重要的事，不仅要看清地基本身，还要预测到地基将来的情况，也就是周边环境可能发生的变化。

① 掌握自然环境

这里就要运用被动式设计的思维方式。观察太阳的入射方向,也要了解冬至日不同时间太阳的不同入射方向。如果宅基地南面和别的建筑物相邻,那么这块地阳光最好的位置一定是北侧。冬季的入射阳光要尽可能多,夏季的入射阳光要尽可能少,这也是地基考察的一大重点。

此外,还要寻找风的流通空间。日本土地大多为偏西风,造成了夏季吹南风,冬天吹北风的现象。但不同的土地会有不同的风向。1 m/s 的风速约等于体感温度下降一度。费心思把握好不同季节的风向,才能让“容器”中一直充满惬意的风。

通风设计很重要

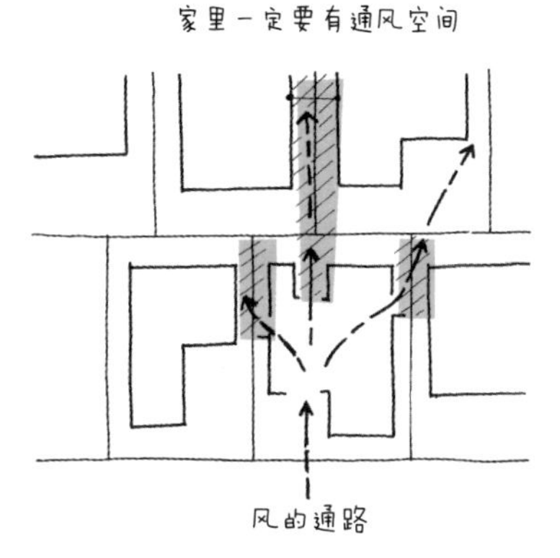

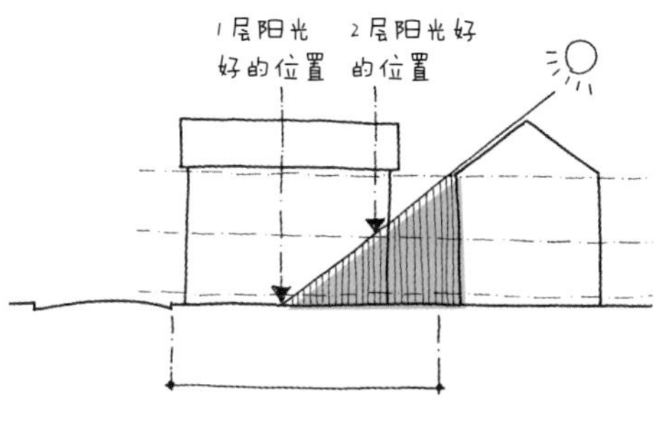

光照最好的场所位于北侧

② 把握周边环境

首先，要把握道路的情况。道路上人和车的流量与隐私问题、噪声问题甚至防盗问题都有直接关系。此外，道路的位置还决定了地基和地基之上的“容器”会和街道产生怎样的联系。地基上面如何建造“容器”、从道路怎样通向“容器”，都是决定将来“容器”的重要因素。

其次，要调查周边的建筑物如何分布，各个建筑物的窗户怎样开设、位于何处。还要想象一下，这些建筑物现在的样子还会维持多少年。

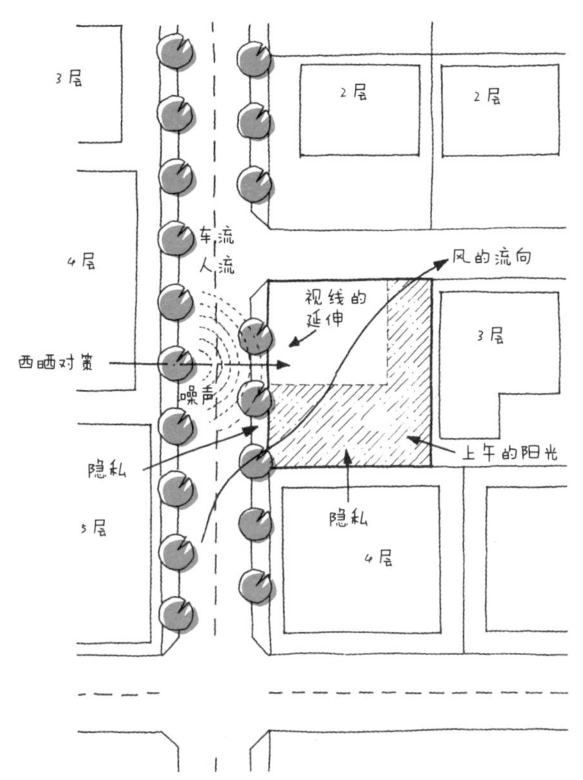

综合把握宅基地的环境

无论如何都要保证房子的日照和通风。不管周围建筑物多么密集，也一定会有日照和风的通路。要打造“良器”，最重要的一点就是找清这些通路。

③ 把握法律规定

不同的土地上有不同的法律法规。主要有城市规划法和建筑标准法。城市规划法的约束对象是土地，建筑标准法的约束对象则是土地之上的建筑。

[区域用途]

日本城市规划法按用途将土地区域分为12种。根据规定，有些土地上不能建造某些特定类型的建筑。除了工业专用地之外，任何地方都可以建造独栋住宅，但住宅和商铺合并的建筑就会受到一定限制。法律规定的地区用途和街道的实际功能不一致的情况也时有发生，新购买土地时一定要多加留意。

[道路]

根据不同宽度和条件，道路被分为很多种，具体规定请参照日本建筑标准法第42条。第42条含有6项，其中规定宽度不足4 m的不满足称为道路的条件。第43条规定，建筑物地基和道路之间的连接宽度不得小于2 m。

综合这两点，就可以得出以下结论，即“土地面积要能保证建筑物和4 m宽度以上的道路之间

第一类低层住宅专用区域

低层住宅区域。可以建设兼用做小店铺的住宅或者中小学校等。

第二类低层住宅专用区域

主要建设低层住宅。也可建设150 m^2内的特定类型店铺。

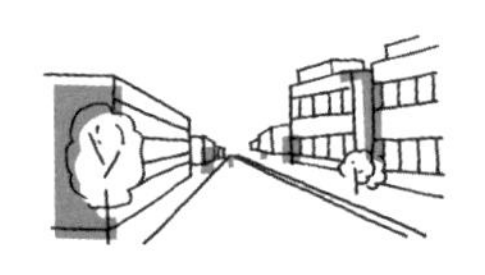

第一类中高层住宅专用区域

中高层住宅区域。也可建设医院、大学和500 m^2以内的特定类型店铺。

第二类中高层住宅专用区域

主要建设中高层住宅。也可建设1 500 m^2以内的店铺和事务所。

第一类住宅区域

保证住宅环境的区域。也可建设3 000 m^2以内的店铺、事务所和旅馆。

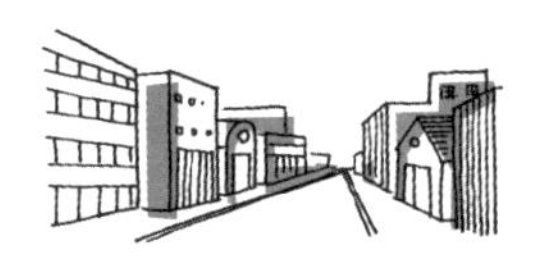

第二类住宅区域

主要建设住宅的区域。也可建设店铺、事务所、旅馆、卡拉OK歌厅等。

准住宅区域

保证住宅环境，同时协调沿路机动车关联设施的地域。

临近商业区域

临近居民可以购买日用品的区域。可以建设住宅、店铺和小规模的工厂。

商业区域

集合银行、电影院、餐饮和百货商店等建筑的区域。也可建设住宅和小规模工厂。

准工业区域

主要建设轻工业类工厂和服务设施。也可建设对环境影响较小的工厂。

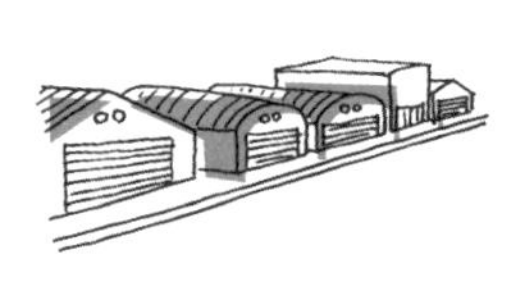

工业区域

可以建设各种类型的工厂。也可建设住宅和店铺，但不可建设学校、医院和旅馆。

工业专用区域

工厂专用区域。不可建设住宅、店铺、学校和医院。

的接道宽度不小于2 m”。这是法律的硬性规定，一定要给予足够重视。

[高度]

每块土地都有针对建筑物高度的限制。限制分为道路斜线、邻地斜线、北侧斜线和高度斜线几种(其他还有日光限制的规定，此处不再赘述)。这些规定和土地所在区域的用途、道路的宽度、种类和方向有关。这些规定是为了保证当地的日照和景观，避免产生压迫感，维护良好的居住环境。

④ 把握地形

建造住宅的地形，最好比路面稍高，以平坦的东南朝向的正方形土地为佳。换个说法，就是这类土地价值最高，价格也高。但这种外观整洁漂亮的土地不是非买不可，不是因为吝啬，而是因为其他很多

建筑物的最基本条件：接道2 m

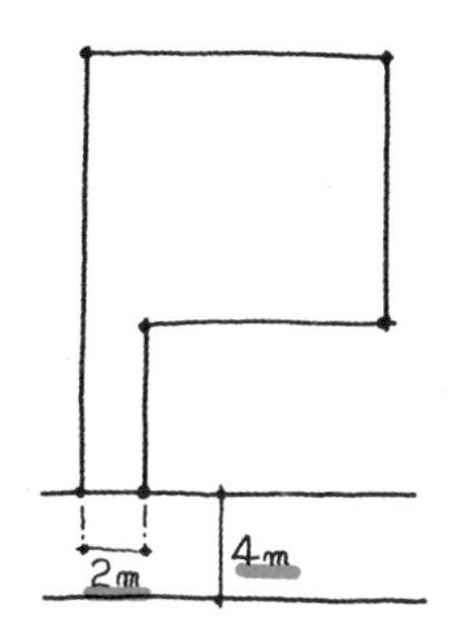

不同地域的不同高度限制

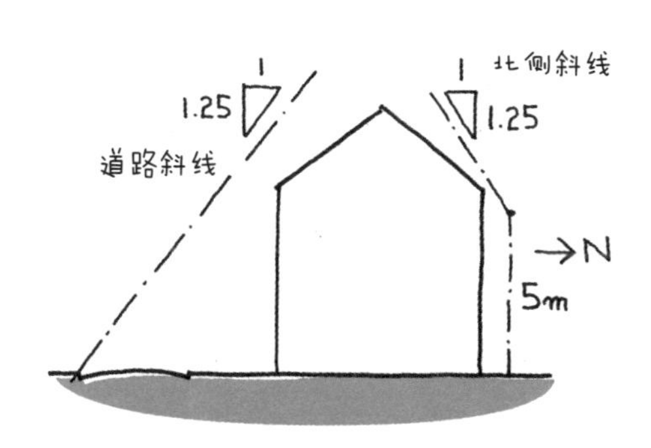

种土地上也能建造出优良的“容器”来。各方面看起来都很完美的宅基地有时也隐藏着陷阱。让我举几个例子吧。

1 纵长宅基地

这种宅基地也被称为鳗鱼地。随着近年迷你开发大热，既有土地被2等分、3等分，就产生了这些鳗鱼地。这种土地上多见无聊的成品住宅，毫无梦想和希望可言。因此大家难免会认为，这样的土地上根本不可能建成好的“容器”。但事实并非如此，想想京都的那些铺面房吧。那种漂亮的“容器”，正是“住宅养成”的典范。

铺面房的房间布局堪称“纵长宅基地”的典范

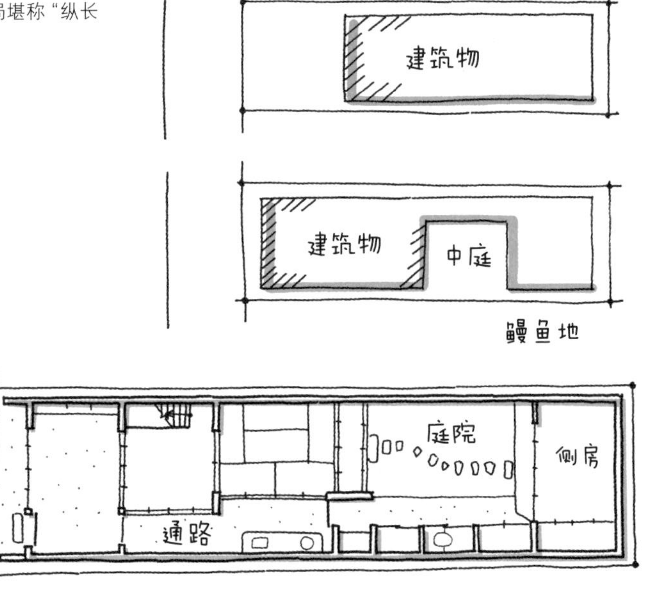

2 旗杆形宅基地

旗杆地的杆形部分的宽度一般大于2 m。因为住宅和道路之间的接道宽度有相关规定，接道长不足2 m的宅基地会没法进行再次建设，一定要注意。

这种形状的宅基地最冷门，也就是说可以用最便宜的价格购入。

购买旗杆地非常划算，前提是你要对这种地形的优缺点有充分的认识。

旗杆地不受欢迎的理由：

① 哪个方向都看不到自己房子。

② 阳光似乎很差。

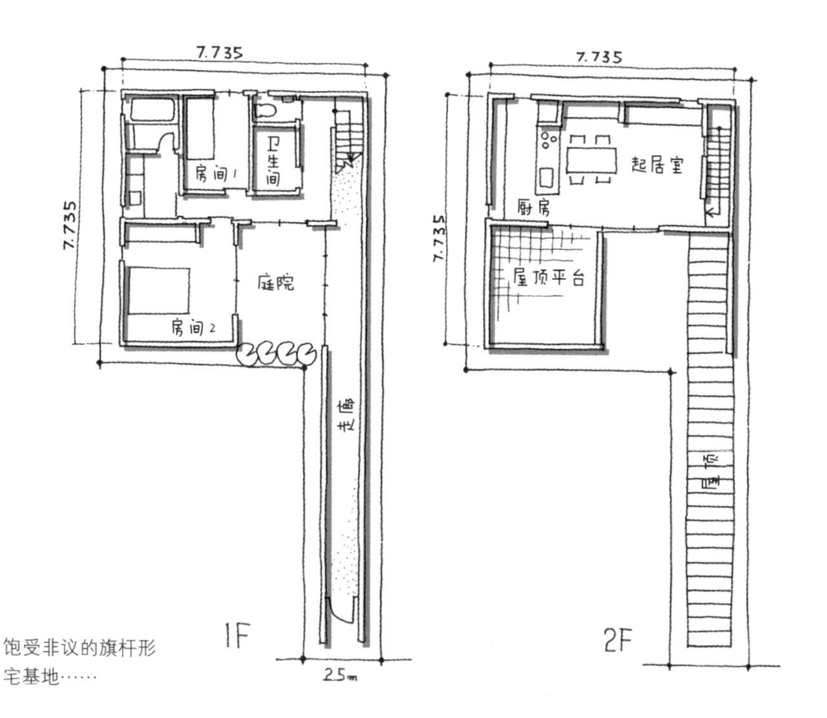

饱受非议的旗杆形宅基地……

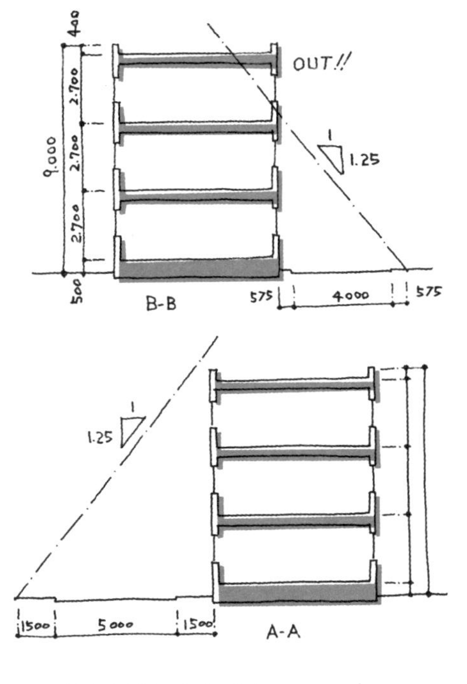

要注意！道路斜线

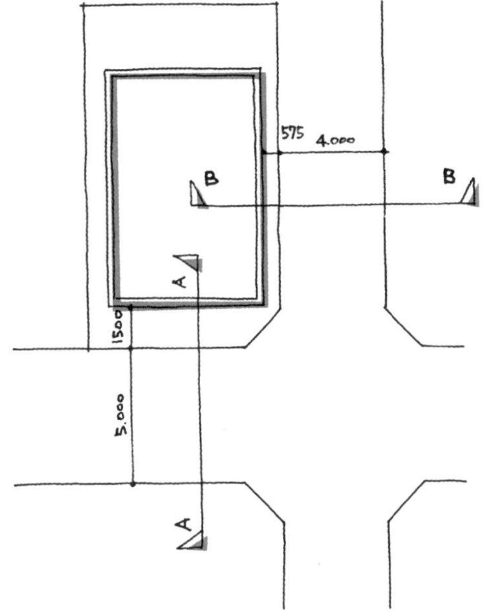

A–A侧道路斜线OK，B–B侧道路斜线就犯规了（OUT）！

③ 通风似乎不好。

④ 四周被包围,不利于隐私保护和盗窃防范。

⑤ 没法停车。

这样列出来一看,就会发现除了第⑤项,其他问题似乎都可以通过“容器”的建造得到解决。不仅如此,本来是缺点的杆形部分,还可以通过灵活利用,呈现出其他地形没法做到的空间效果。

3 优点反成缺点的宅基地

前面已经说过,住宅高度受道路斜线的控制。要建造3层的“容器”,如果宅基地相邻道路的宽度较窄,3层的高度就可能超过限制。这些问题一定要注意,因为房屋高度和道路斜线限制息息相关。

4 设想可以建造中庭的宅基地

越来越多的人希望自己家里有个中庭。中庭作为室外空间却被房间包围,户外和室内的反差带

要建造带有中庭的家需要……

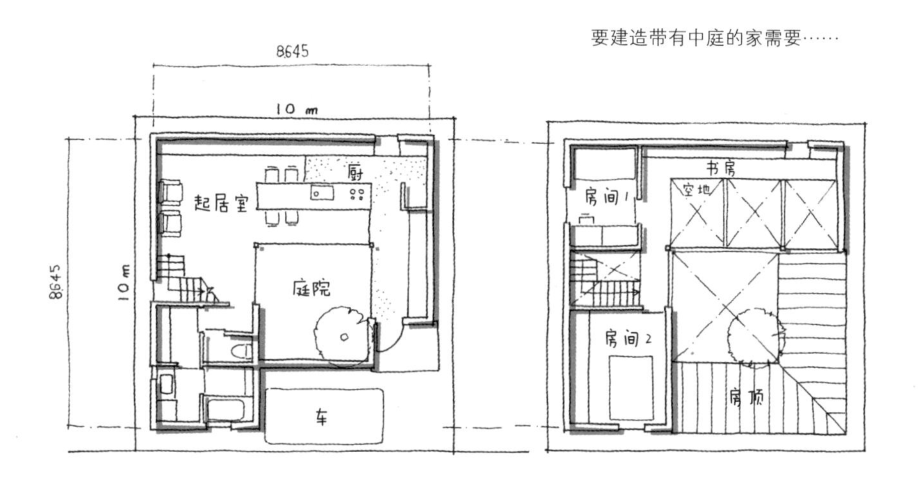

来的奇妙气氛异常的迷人。中庭的用途也多种多样，可以用做室外起居室，天气好的时候也可以在中庭吃饭，非常惬意。还可以活用做发展兴趣爱好的场所。比如用作DIY家具的工作室、打理和维护户外用具的地方或者和宠物休闲一刻的空间等，没有做不到只有想不到。在中庭练练高尔夫球似乎也很有趣，或者摆放欣赏用砂石山水也是个好主意。

但是，要建造带有中庭的“容器”，需要面积相当大的宅基地。哪怕只要边长3.5 m的正方形小中庭，宅基地的面积至少也要达到边长10 m的正方形大小。

5 多彩的室外空间

试着把“容器”斜着放置，宅基地的四角就出现了有趣的外部空间。从室内看，这些外部空间会显得非常大、非常有纵深感。不同方向的外部空间和室内各个房间相连，形成独具魅力的环境。

如果想要院子的话

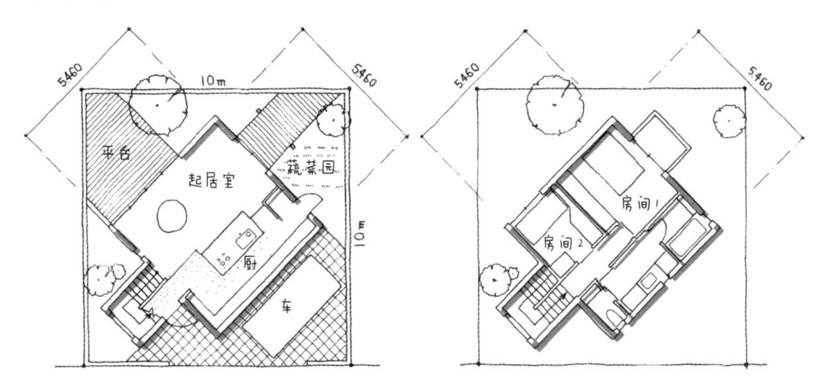

⑤ 把握阳光方向和宅基地的关系

我们需要把握一块土地上阳光射入的方向和方式，以及光照在一天之中和一年之中的变化。设想窗户外的视野也很重要。

1. 我们之所以说住宅南侧邻近道路比较好，果然还是因为光照因素。尤其到了冬季，入射阳光越多越好，窗户开在南面更有利于采光。

2. 虽说房间亮敞些更好，但不一定需要直射阳光。读书的时候就要避开直射阳光。图书馆阅览室的窗户一般都是朝北的大窗。同理，住宅中书房和学习房间最好也是朝北开窗。

北侧窗户照进来的间接光会非常稳定明亮。

3. 被朝阳照到的房间夏天会很热，开空调也没用。西晒也是如此。房间里的热气一整晚也散不掉。朝阳的光线高度比较低，光靠屋檐很难完全遮挡，要多加留意。

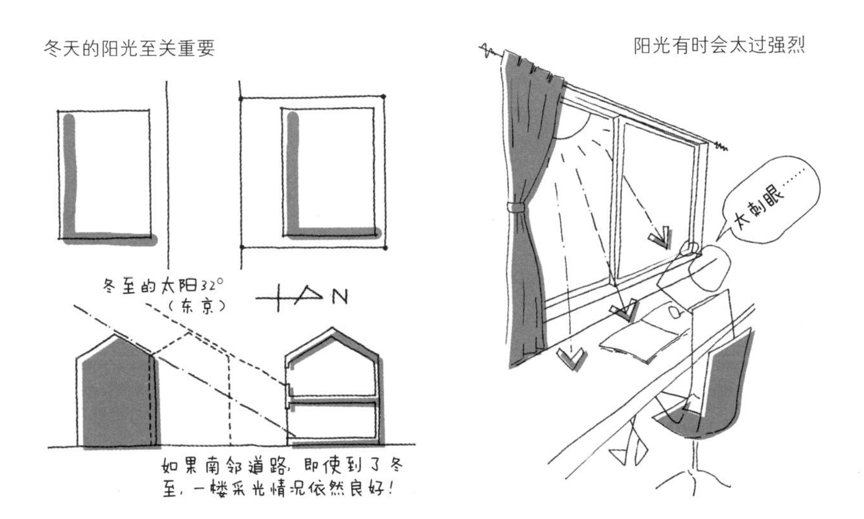

冬天的阳光至关重要

阳光有时会太过强烈

4. 南侧窗外的景色如果是视野开阔的土地还好，对于普通的住宅地来说，窗外根本没有什么景色可言。大多数情况下，南侧窗外看见的就是对面人家房子的北面。也就是说，你能看到的十有八九会是对面住宅的厕所窗户或者厨房后门。你想看到的一定不会是这种景色。

相比之下北边窗外的景色，却是沐浴着灿烂阳光的绿植。日本的住宅大都是朝南，因此起居室和餐厅等主要房间的朝向也是整整齐齐。

我认为日本人对朝南的信仰过头了，考虑一下朝北而建的房屋，房间布局的思路也会更宽广。

东西两面的阳光很难遮

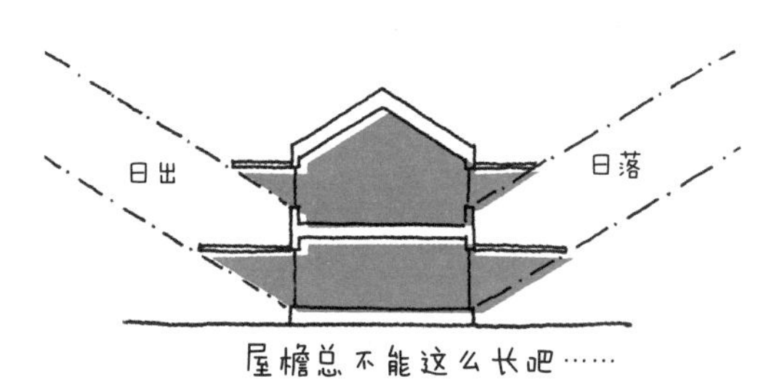

比起南侧窗外只能看见邻家房子的阴影，
北侧窗外的绿色更舒心！

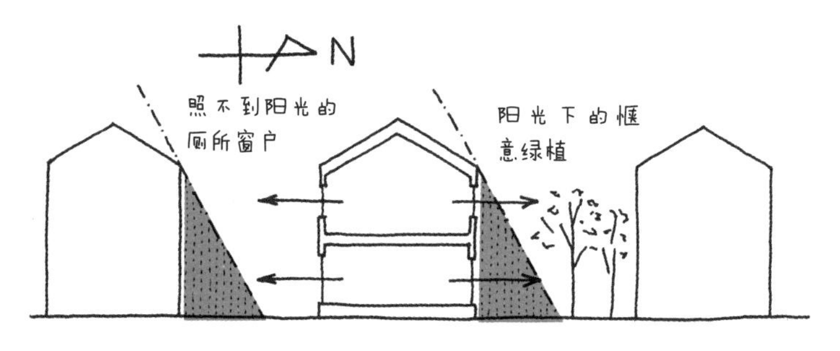

第3章

「构造」的养成方法

“构造”是指“容器”中的房间布局和设备设施。从最初的“容器”到之后的“构造”，也是一个渐渐养成的过程。

玄关养成法

① 什么是玄关

玄关是一种怎样的空间呢？

是连接室内外的场所？那外面连着庭院的晒台窗户和有门的地方又算什么？

玄关是穿鞋出门的地方，也是脱鞋进屋的地方？

是访客到来的入口和接待空间？

玄关当然是住宅的进出口。不仅是家里的人，还会有很多访客进出。访客当中既有亲近的朋友，也有快递员这样的陌生人。

过去日本富农和武士的家都有两个玄关。一个是作为主要出入口的玄关。但是这个“客用玄关”只在隆重的场合使用，一年只用几回。因为不常用，这个玄关通常分外的宽敞气派。另一个就是平时使用的玄关，类似后门，也就是所谓的“家用玄关”。

时代剧中可以见到这种形式的住宅，高度成长期建设起来的现代住宅中也大多存留着过去的痕迹。到东京外面看看，很多之前建造的房子里还能见到这种设计。而且时至今日，这些气派的玄关似乎仍不在平时使用。

动画《海螺小姐》是昭和年间高度成长期的家庭喜剧代表作（海螺小姐的漫画早于动画）。这个动画里矶野家的房间布局非常有名。矶野家代表了那个时代典型的上班族家庭，但海螺小姐家也有玄关和后门的区分。家人们把玄关当做平时使用的出入口，动画中也有很多画面是以玄关为背景。

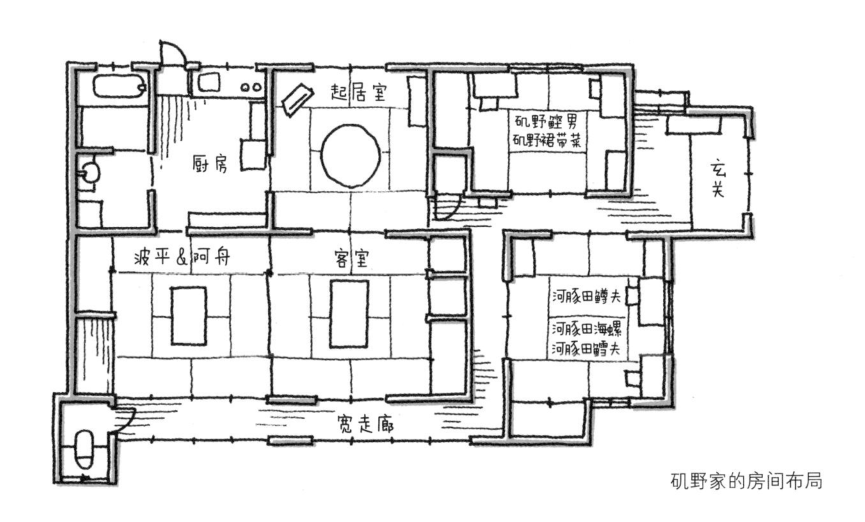

矶野家的房间布局

但是，海螺小姐和她妈妈阿舟却经常从后门出入，酒铺的外送员也是专门从后门出入。这些场景真是充满了昭和时代的气息。

美国有一部名叫《家有仙妻》的家庭剧，大概是40多年前的老剧了。这部剧描绘了美国中产阶级家庭的生活状态。和当时日本的一般住宅相比，剧里的房子又大又气派，叫人心生向往。玄关门一开，起居室就呈现在眼前。起居室和玄关也没有刻意隔开，从玄关一眼看过去就能看到沙发。访客可以直接走进放着沙发的起居室。也许是因为美国人没有进屋脱鞋的习惯，房间非常开放，自然给人一种房门一开、招人入室的感觉。

经过上面的对比，玄关的作用就明晰一点了。玄关不仅是连接内外的场所，还能表现家和街道、家里住的人和街上住的人之间的联系。我们在建造房子时，也要想想自己家想要和街道产生什么样

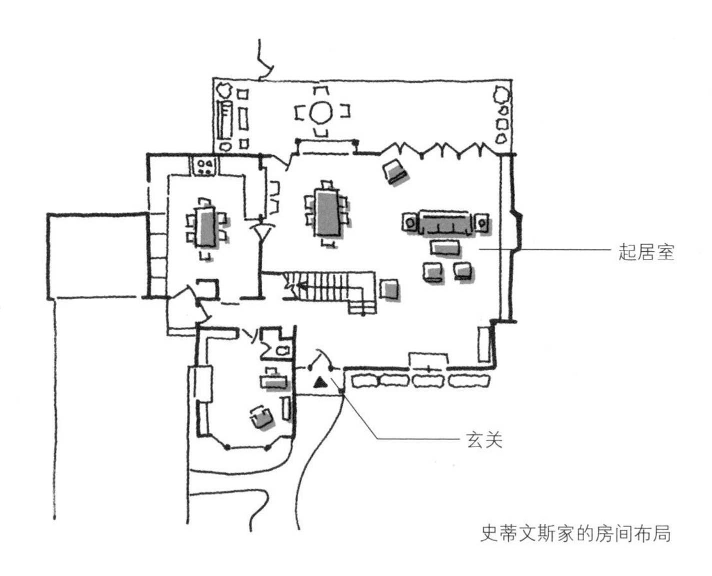

史蒂文斯家的房间布局

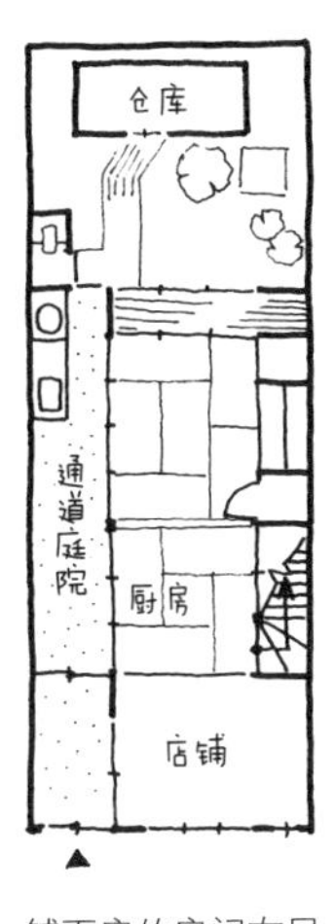

铺面房的房间布局

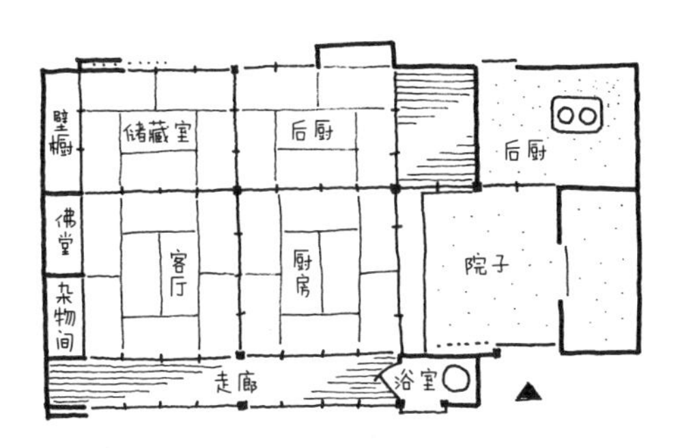

农家房间布局

注：后厨是日本过去的用语，指有侧门或后门通往外面，供下人和妇女出入住宅的厨房间。

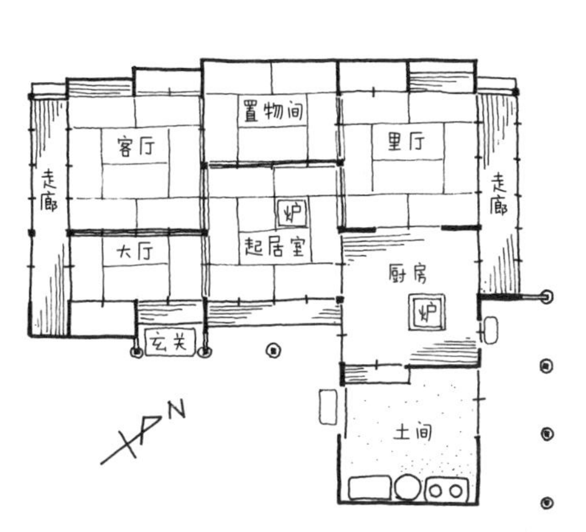

武士家的房间布局

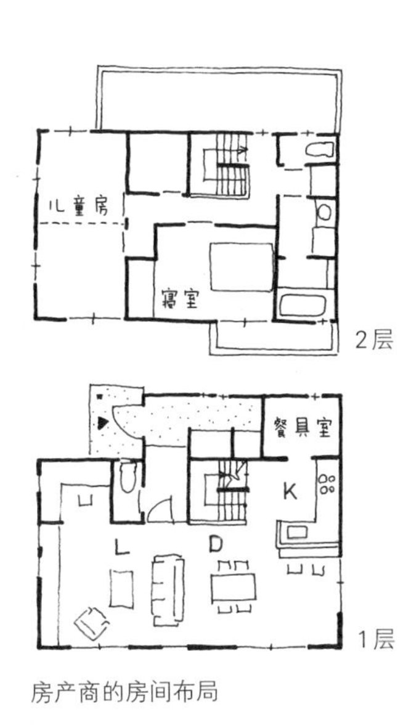

房产商的房间布局

的联系，这将会成为玄关设计的一大线索。

日本过去的铺面房和农家房子没有玄关。当然作为出入口的门还是有的，打开这扇咯啦作响的双滑门，里面就是宽敞的土间。这里可以脱鞋直接踩上去，沿着一条朝里走的通路，就来到了兼做厨房和起居室的作坊。这种住宅完全和排场无缘，而是尽可能注重功能性。

从功能性这点来看，这种住宅和《家有仙妻》中的史蒂文斯家比较接近。

现在普通住宅的玄关依然受到过去富农和武士家宅的影响，依然注重排场。不管多小的家，都会有一个专用的玄关和一个侧门。这类住宅可以说是矶野家的进化版。

简洁的功能性玄关

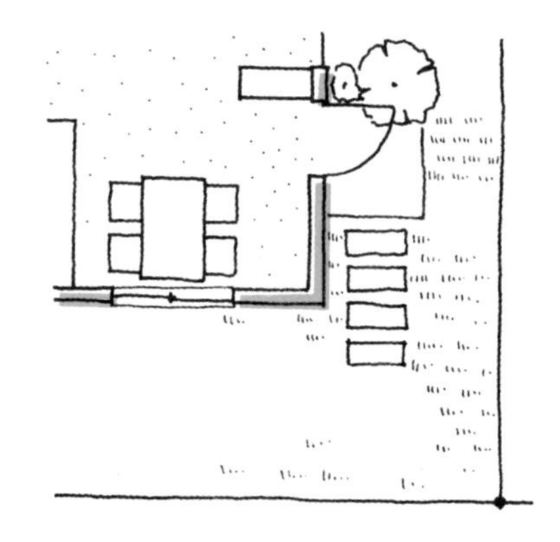

② “养成式住宅”的玄关

门后就是赤脚走的土间空间。土间之后就是起居室和餐厅，这样的安排相当于没有专门的玄关。鞋柜肯定要有，最好再准备几双室内鞋，进屋的时候换上。这种做法有点像过去日本农家和铺面房，不过整体印象上更接近《家有仙妻》中的史蒂文斯家。如果介意屋内被人看到，不要增设房门，可以选块自己喜欢的布挂起来暂时遮一遮。以后怎么办可以边住边想。

我认为现代住宅的玄关需要的并不是排场，我们应该思考自家和街道将会产生怎样的联系。尤其应当仔细思考自己想和街坊邻居们建立怎样的联系。理想的玄关，应该是一处一边住一边摸索和邻居之间关系的场所。

③ 玄关养成方法

玄关的养成方法有两种思路，一种是在使用便利性上下功夫，另一种则是以自家和街道、街坊邻居之间的关系为重点。

前者意味着玄关要具备多种多样的功能。玄关首先要有鞋柜，其实不只是鞋，外套、婴儿车、高尔夫包，还有一些户外用品也要有地方放。因此，玄关也可以理解为是将各种东西集合整理在一处的步入式衣帽间。

玄关内如果再有室内拖鞋、有钩子用来挂签收快递用的印章和自行车汽车钥匙，那就更方便了。还要考虑到把自行车推进屋来的情况。

玄关是体现和街坊邻居之间关系的重要场所

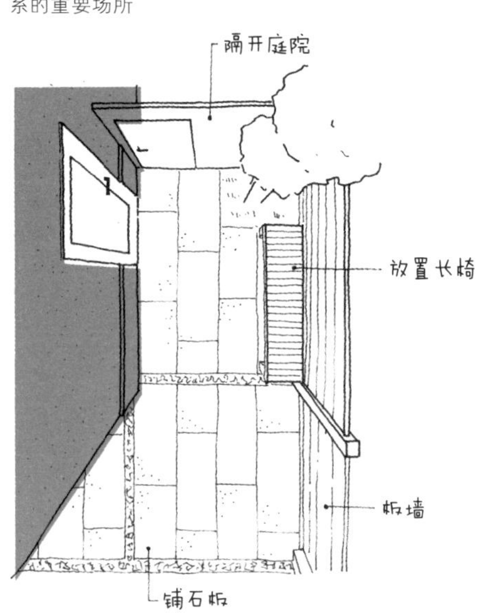

做个鞋柜放在玄关

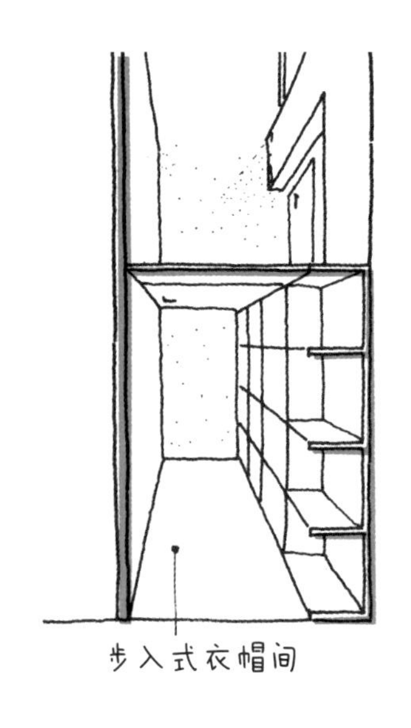

玄关内还可能需要穿衣镜和穿鞋凳。等以后自己年纪大了，玄关内装上有扶手会更方便。

后者着重在家和街道、街坊邻居之间的关系上下功夫。面向街道的姿态是开放还是紧闭，和街道的关系是深是浅等，都是玄关养成需要思考的问题。例如镶有玻璃的玄关门，透过玻璃能不能看见室内就是个问题。这些细节会让住宅给人的印象大不一样。举例来说，如果欢迎他人突然来访，在玄关准备一处放置坐凳的空间会比较好，要是有咖啡桌就更吸引人了。也可以在玄关设置迷你画廊，展示自己的兴趣爱好。以“我是这样的人”为主题，向街坊邻居们介绍自我的玄关构造怎么样？将更多价值观融入玄关设计后，会有更多新的想法出现。

02 起居室养成方法

① 起居室是做什么用的?

起居室的命名很有意思。按照字面意思，起居室就是“居住的空间”，不具备任何特定的功能，也不需要在这里进行任何特定的活动。“全家人的活动场所”这种说法也许更贴切。父母可以在这里和家人进行交流；孩子可以在这里看电视；客人来了，这里也可用作接待场所。起居室里可以放置沙发，也可以直接在地板上打滚，也可以在地上铺榻榻米。

起居室里，一家子人
都在干各自的事情

我们可以说，起居室是家人们不再团坐的空间。日本“团坐”的含义是，“亲近的人聚在一起，围坐成圆形，一起度过愉快的时光”。这种空间也许就是过去日本住宅里所说的“茶间”。茶间通常是一间小小的榻榻米房间，冬天还会放置被炉，是家人聚集的场所，正符合团坐的含义。除了茶间，还有分别叫做“接待间”和“客厅”的场所，用于举行庄重的仪式和接待访客。

现代住宅的起居室，就像“茶间”、“接待间”和“客厅”的结合。既是家人聚集的地方，也是招呼客人的地方。

观察一下起居室里的生活，我们就会发现，家人们虽然处在同一个空间，却没有互相说话的必要，而是各干各的事情。这样的状态不同于团坐，但是起居室生活中非常重要的一个方面。想像一

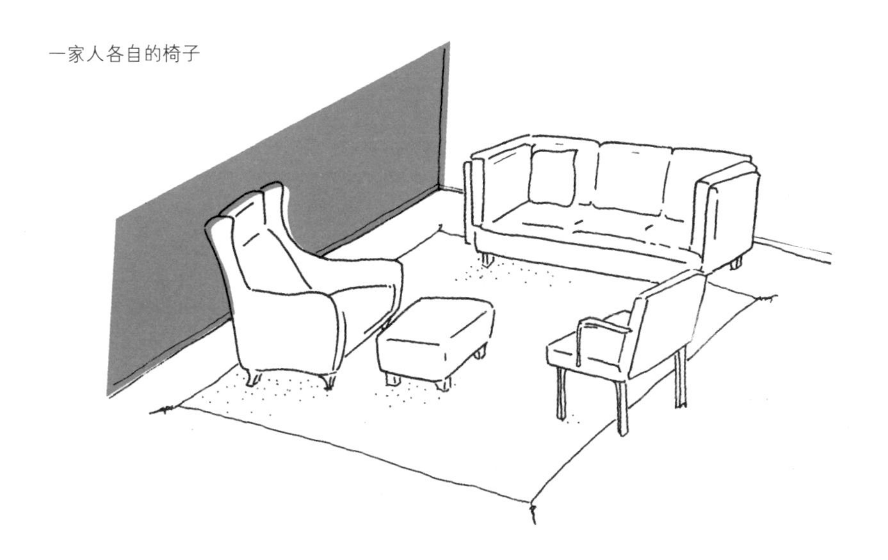
一家人各自的椅子

下同处一室却各干各事的画面吧：有人看书，有人学习；看看电视，喝喝茶；可以沉浸于自己的兴趣爱好，也可以无所事事的眺望庭院，静静地坐着。这些都是起居室中重要的生活形态。这种状态的多样性，才是起居室养成的关键。

② “养成式住宅”的起居室

“养成式住宅”的起居室从混凝土的土间开始。

首先，要在土间内放置和家庭人数一样多的椅子。椅子可以选择不同的颜色和形状，更添生活乐趣。椅子不一定非要买高档货，但最好座面稍低、体感舒适。起居室不用太大，但是要注意留出足够空间，当家人各自做事情时，可以保持恰到好处的距离感。能伸能屈的空间最为理想。还要特别留意起居室和旁边餐厅之间的关系。假设房子整体面积不大，那么餐厅不仅要满足用餐的功能，也要

父母可以和孩子一起在起居室满地打滚

能作为起居室的一部分。

混凝土土间的地面内最好埋设蓄热式地暖设备。混凝土热容量高，要合理活用其蓄热特点。“热容量高”意味着“热起来难凉下来也难”。也就是说，一旦加热之后，过很长时间也不会冷却。这一性质可以活用于采光良好的土间，混凝土在白天太阳光的直射下蓄热，晚上蓄热不散，房间里就可以保持温暖了。温暖的混凝土会给人带来一种奇妙的舒适感受。

③ 起居室养成方法

随着时间流逝和家庭成员的成长，团坐的方式会发生变化。家人们对独处时间的需求也会越来越多。此时可以试试设计读书场所。如果家里有小孩子，就设计成可以给孩子读书听的场所；如果只有大人，则打造可以一边喝茶喝酒一边享

打造书斋角

在小台子上放张矮脚桌

乐的氛围。也可以布置成更加像模像样的工作空间。弄点音乐和电影设备会很有趣。把一开始是一面墙的地方改造成整面墙的书柜怎么样？书架上也不要只放书，可用家庭旅行的纪念品或者孩子成长的留念物品装饰起来，这些都是不错的主意。

起居室的功能无时无刻不在发生着变化。最初的混凝土土间在将来可能会铺上地板，或铺上榻榻米。也可以灵活改造，只铺一小部分地板，形成一块小台子。旁边再放暖炉或火炉。家里养宠物的话，可以为宠物对起居室进行改造。还可以给自己开辟一处兴趣角。也可以为访客留出一块喝茶、喝咖啡的悠闲空间。

厨房和餐厅的养成方法

厨房和餐厅是决定每天生活是否舒适和愉悦的两个重要因素。为此厨房和餐厅需要具备许多功能，但在讨论功能之前，让我们先来整理下厨房和餐厅之间的关系。

① 厨房和餐厅的关系

两种空间的配合至关重要。厨房和餐厅的关系大致分为以下5种模式。

1 独立型

厨房完全独立。喜欢做饭的人偏好这种模式，这样他们可以不用介意水渍油渍而将精力集

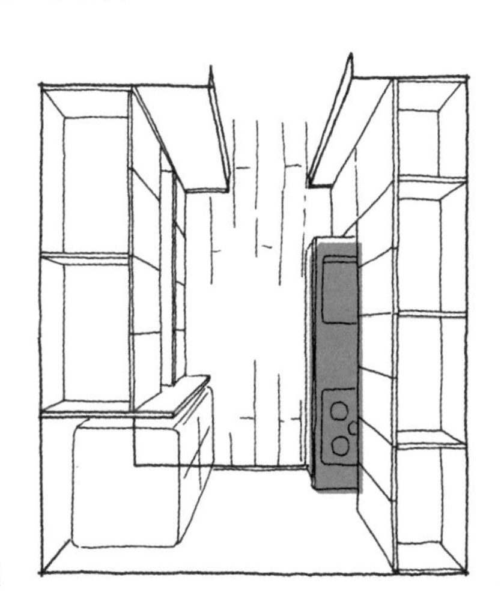

1 独立型

中在烹饪上。这种模式适合对厨房功能要求较高的人。既然厨房独立成间，暖气的问题一定要想办法解决。

[2] 对面独立型

保持厨房的独立，炉灶和水槽设置在餐厅的对面位置。从餐厅看厨房，厨房工作台是被挡住的，但从厨房里能看到餐厅的情况。这种模式能满足多种需求，常见于公寓房和商品房。如果餐桌放在厨房对面，厨房里会有上菜用的柜台。

[2] 对面独立型

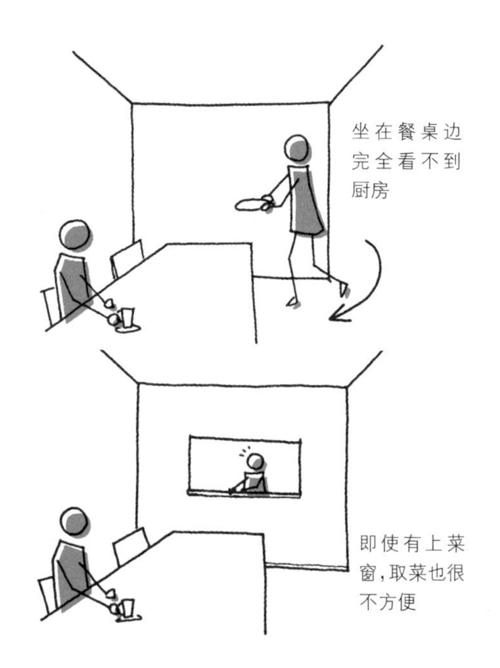

3 对面开放型

餐厅在厨房对面，厨房的炉灶和水槽也是开放式的。这种模式也叫作岛型厨房，有时会装修成水槽和料理台呈四方形的模式，很适合家庭派对。但这种模式的烹饪噪声较大，水渍和油渍不好清洁，抽油烟机的排气声也是个问题。

3 对面开放型

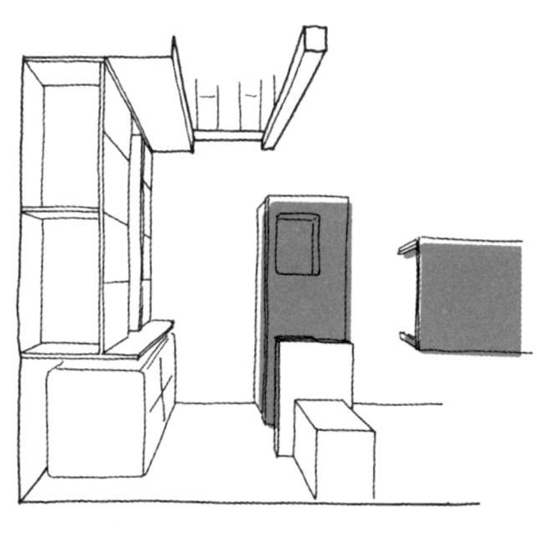

适合开家庭派对

4 并列型

这是一种将炉灶、水槽和餐桌平行放置的模式。优点在于更短、更合理的活动路线，也更节省空间。适合独居或小家庭。

5 厨房餐厅型

炉灶和水槽设在墙边，餐桌则放置在房间中央。如果还有富余空间，可以在水槽和餐桌之间放置料理台，使用便利性会大大提高。

4 并列型

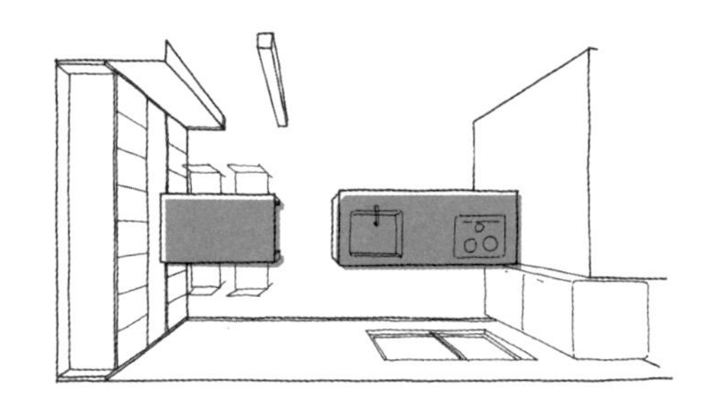

5 厨房餐厅型

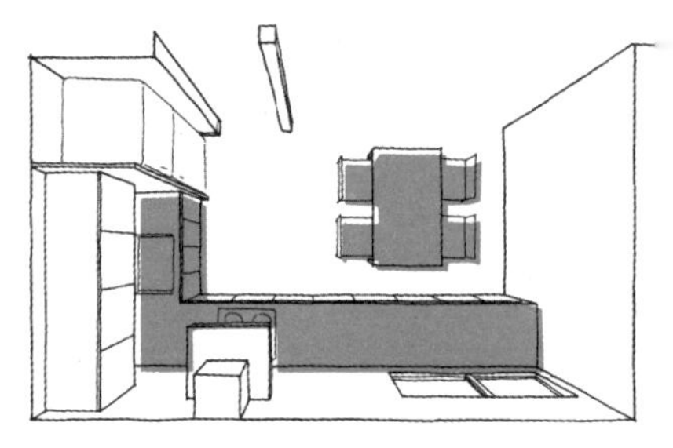

② “养成式住宅”的餐厅和厨房

厨房和餐厅是住宅中最重要的部分。我认为做饭和吃饭的空间才是家的本质。随着时间的流逝，这个空间的恐怕会是需求变化最大的地方。因此，厨房和餐厅的设计要能应对将来多样的变化。家庭成员会变、饮食喜好会变、做饭方法会变，长年累月的逐渐变化还会体现在生活方式上，这些变化都需要我们能够灵活应对。

厨房和浴室，是家里使用度极高的两个地方。这些场所要灵活设计，充分考虑到消耗品的更换：机器更换、设备管线更换、地板墙壁天花板的更换等。

厨房设计的一大难点在于选择电炉还是燃气炉，特别是选择哪种方式烧开水。这个问题一定要

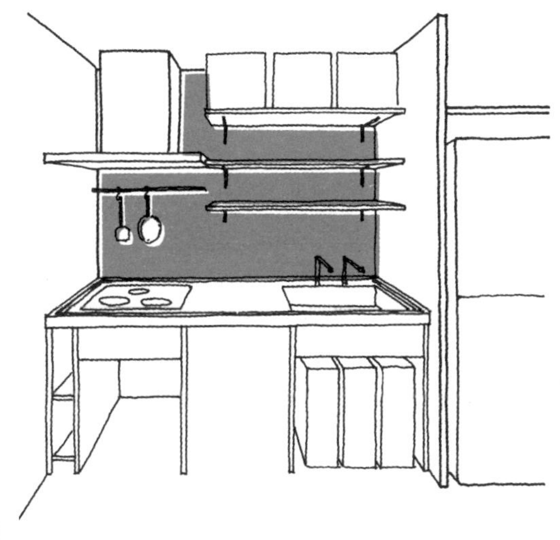

定做的功能性厨房

在设计阶段就考虑好，可以根据生活方式和家庭构成进行选择。

“养成式住宅”最好选择定做厨房。成品整体厨房虽然有很多细节设计，但其中可能有很多自家并不需要的鸡肋功能，价格也大都偏高。整体厨房厂商为了压低生产成本，不仅会把不锈钢面板做得非常薄，也不让客户自己选择水龙头等五金，最后的成品往往不尽如人意。我最推荐的做法，是先思考当下自家必需的东西有哪些，在充分考虑到将来扩张的前提下，再开始定制厨房。开始时的厨房一切从简，一边使用再一边慢慢充实。

③ 餐厅和厨房的养成方法

厨房和餐厅的关系会在将来发生变化。孩子长大了，想和家人一起下厨的情况，首选厨房餐厅型。要是更看重家庭派对，那么对面开放型厨房会

配管设计要考虑到厨房的移动

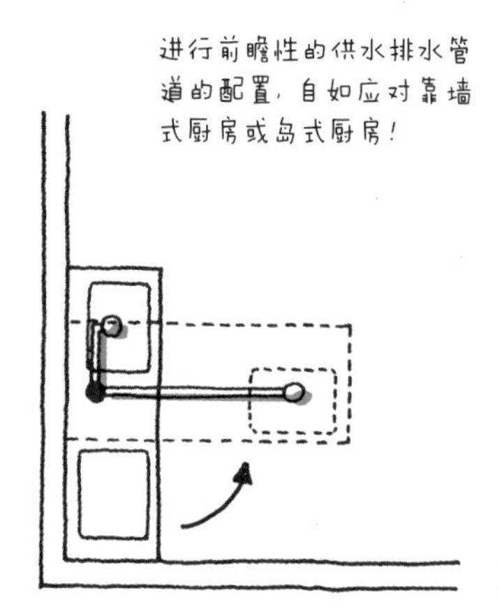

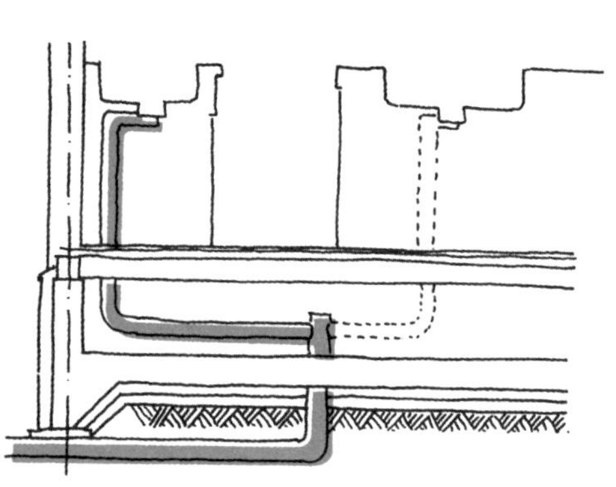

给你带来更多乐趣。厨房的形态会随着时间发生必要的变化。装配厨房管线的时候，考虑到靠墙放置的整体厨房和房间中央的岛型厨房这两种模式，供水、供热水和排水的管线都要准备两处。为了将来的可能性做准备，把以后不便改动的地方提前设置好，这就是“住宅养成”的基本思路。

餐桌最好稍微大些、桌面低些。因为餐桌不仅仅是用来吃饭的场所。桌子的面积要足够大，即使一家人趴在桌子各处做各自的事情，彼此之间

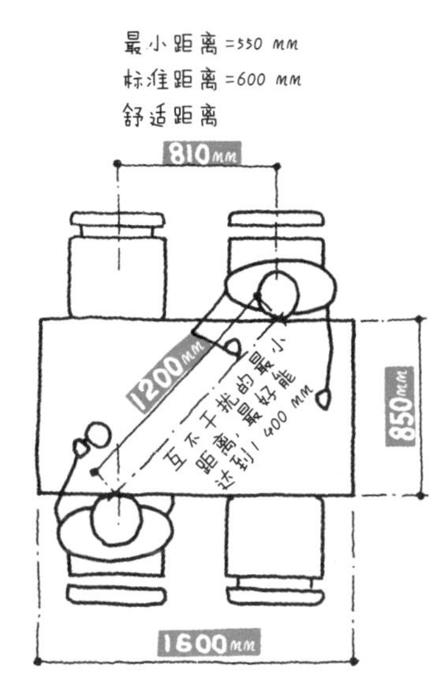

桌子的大小·家人之间恰到好处的关系

也能保持恰当的距离感。孩子小时候可能会在餐桌上写作业。我认为餐桌是一件和家人们相处时间比较多的家具。桌子足够宽敞舒适,家人们才能齐聚在桌前。在这层意义上,餐厅取代厨房成了家人们团坐的场所,就像过去的“茶间”一样。

餐桌的材质和涂装也很重要。考虑到今后的养成,餐桌当然还是选纯木材质比较好。表面最好选择蜡等渗入类型的涂装。因为其他的涂装一般要在木材表面涂膜,涂膜虽然耐脏,但是会破坏木材本身的风味,使用久了也不会产生年代感。蜡之类的渗入型涂装可以更好地呈现纯木的素材感。咖啡或红酒要是不小心洒在桌子上,就会渗入木头留下痕迹,别有一番风味,也正是桌子成长的证明。

浴室、卫生间和厕所的养成方法

① 浴室的需求

在住房装修的过程中，不同的房主们对浴室的要求可谓是五花八门。有的人会说，“浴室只要能洗个干净澡、在浴缸里暖暖身子就够了。不用太舒适，请以功能性和清扫的便利性为主”；而有的人会说，“我想一边泡浴缸一边看月亮。还想要个专门的沐浴间，能不穿衣服就走出来，夏天还能在这儿喝个小酒！”

每个人的需求都非常不一样。前者把浴室当做清洁身体的“功能性场所”，要求浴室贯彻其功

明亮舒适的沐浴间

能的合理性。除了清洗身体这个必要功能，其他一概不要。而后者却把浴室当做清洗心情的“心灵场所”，要求浴室不仅要能清洁身体，还要能治愈心灵。这两个人泡在浴室的时间肯定也大不相同。

这两者之间并没有谁优谁劣，就算是同一个人，对浴室的需求也会随着时间改变。

浴室是一处使用度极高的场所。因此浴室设计要多下功夫，所选的材料也最好方便每日清扫，窗户的位置要便于通风和保洁。人在浴室时不穿衣服，所以外部视线的遮挡和防盗措施当然也很重要。

另外，设计时还要注重设备机器更换的便利性。

② “养成式住宅”中浴室的养成方法

“养成式住宅”的浴室从混凝土开始，也就是将建筑物的基础构造体混凝土直接用作洗浴场所。

使用大量木材的和风浴室

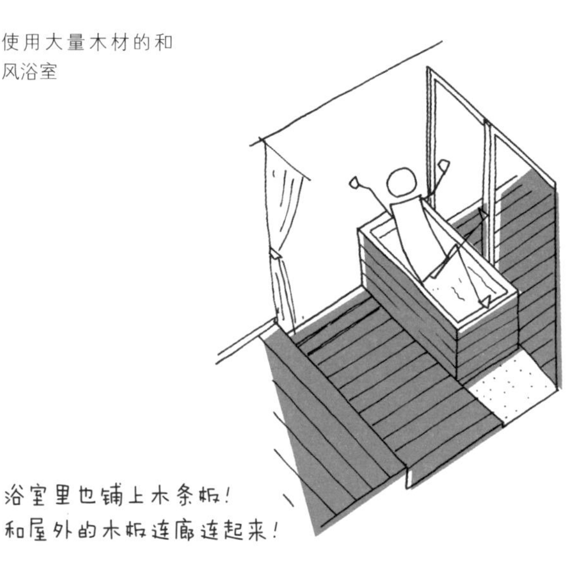

铺上木条板的混凝土上既舒服又便于保持清洁。水泥地浴室让人听起来很难产生好感，不过它的确容易清扫，便于保持清洁。但是要注意防滑，混凝土表面可以采用防水涂装。如果浴室里什么也不铺，可以考虑像起居室的混凝土土间那样，在地底下埋设蓄热式地暖。墙壁和天花板可以贴浴室专用护墙板，这种墙板耐久性最好。也可以使用防水性相对较好的柔性板，提高浴室耐水性能；还可以采用灰泥涂抹加弹性涂装。自己动手涂装，可以自由选择涂装的颜色，享受住宅养成的乐趣。将来可以把桧木、椹木、樱木、红杉木等耐水性强的木板贴在墙上。

浴缸我推荐使用放置式浴缸。这样一来，一个最简单的浴室就布置好了。

说到放置式浴缸，很多人的第一印象可能是有着猫式脚、非常豪华的浴缸，但这只是放置式浴缸的冰山一角。现在很多地方有卖更加廉价的放置式浴缸。其实在日本，放置式浴缸很早就存在。铁锅澡盆应该是日本元祖级的放置式浴缸了，木桶浴缸应该也算放置式浴缸。放置式浴缸在设计时有些小窍门，为了方便打扫，浴缸周围一定要留足缝隙。过去用过炉灶式浴缸的老年人可能会对放置式浴缸有好感，但这里所说的放置式浴缸和炉灶浴缸完全是两回事。考虑到将来浴缸和配管的更换，放置式浴缸在保养方面的优势就凸显出来了。万一以后遇上什么事故，或是要更换浴缸都会非常便利。

“养成式住宅”的浴室也和人不断变化的兴趣嗜好一样，需要一个逐渐养成的过程。

③ 卫生间的功能

卫生间需要满足以下功能：早晚和归家时洗手洗脸，准备洗澡时脱衣更衣，还兼做洗衣房。大家庭的卫生间，考虑到不同家庭成员使用时间的重叠和物品的堆放量，最好将洗脸间、更衣室和洗衣房分别设置。小家庭的卫生间则不用做这样的区分，将三种功能集合在一处即可。如果卧室里没有梳妆台，可能要将卫生间同时作为化妆间使用，还可能兼用做厕所。另外，还可以设置热风干燥机，用于在室内烘干洗好的衣服。像这样集合了六种功能的空间，就统称为“卫生间”。

④ 养成式住宅的卫生间

卫生间该铺什么样的地板呢？首先，地板要具有一定的防水性。就算在浴缸边上铺浴垫，洗脸池那边还是会有水花飞溅。卫生间的湿度也会高于其他房间。另外，卫生间的前提是裸足行走，因此

集合六种功能的卫生间

地板一定要选触感舒适的材料。按户和按整栋出售的商品房中，卫生间地板多为发泡性氯化乙烯树脂卷材。这种材料防水性好，因此多用于洗脸间和厨房，但其缺点在于肌肤接触时的不适感。树脂材料也不会越用越有味道，因此“养成式住宅”的卫生间不使用发泡性氯化乙烯树脂，而用纯木地板。不可使用芯材为胶合板的复合地板，因为这种地板表面的木饰面遇水会开裂。纯木地板则不存在这样的问题。表面不涂装，直接上地板蜡，可以增加裸足行走的乐趣。

墙壁和天花板使用石膏板，表面高防水性涂装。如果没有防火方面的内装限制，也可以贴防水涂装的胶合板，更方便后期上螺丝。

从简单的卫生间开始

⑤ 卫生间的养成方法

卫生间是一种多功能空间，追求的是小空间的合理利用。卫生间里设置有多种设备：电气设备、供水排水设备、卫生设备等。因此卫生间的设计要简洁，一是方便每天清扫和维护管理，二是方便入住后对想改善的地方进行改善。

集洗脸功能、脱衣穿衣功能、洗衣功能、化妆功能、厕所功能和晾晒功能为一体的卫生间是种不错的选择。

充实的卫生间

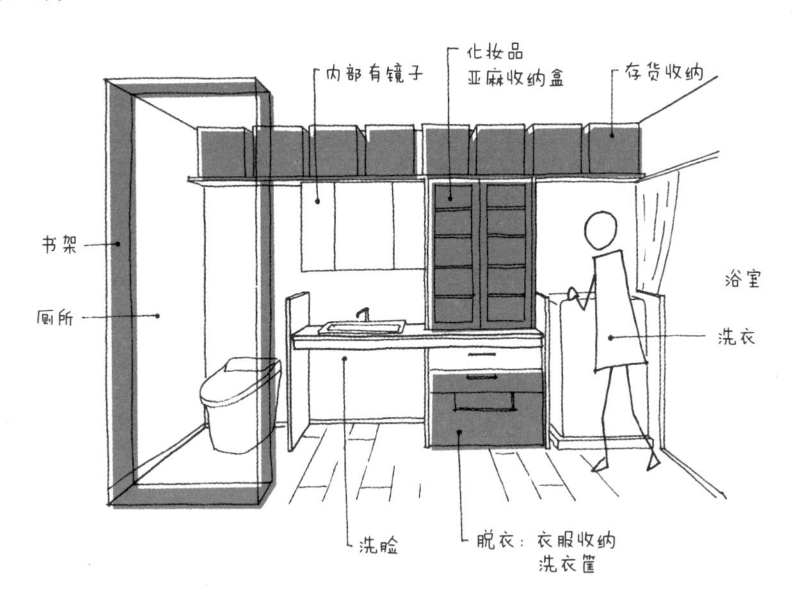

⑥ 厕所的功能

厕所的设计应该以卫生为主。近年来的坐便器越来越多功能化，发展惊人。但是马桶盖的自动开闭功能和马桶内的灯光设计完全没有必要。另外，有环保意识是一件好事，但是最近的过度节水趋势就是另一回事了。我个人认为这种趋势有点过头了。

现在的除臭装置也是效果惊人。厕所设计最该注意的就是如何处理厕所的异味、怎样有效除臭。在坐便器内安装除臭装置是一种办法，但也不能忘记通过窗户或者换气扇排出污浊空气，也要防止厕所里的气味扩散到其他房间。这就需要厕所的气压始终保持在低于其他房间的状态。空气会从气压高的地方流向气压低的地方。因此，保持厕所内的低气压，就能保证异味不会流向其他房间。

要巧妙排气、使厕所保持负压力，可以在厕所设置24小时不间断排气设备。根据日本室内空气污染法的规定，住宅内换气扇的功能要能达到每小时进行0.5次换气，也就是说每2小时室内空气要焕然一新。如果将这种功能的换气扇装在厕所，保持24小时排气，就能保证厕所一直处在负压力状态了。

厕所地板的选择和卫生间思路相同，最好用纯木地板。墙壁和天花板也是一样，使用涂装表面的胶合板或石膏板。

收纳也是厕所的必备功能之一。收纳场所要能收纳卫生纸、手巾、生理用品等，也要能收纳扫除用具。收纳方式的设计，也要充分设想到来客使用的情况。

⑦“养成式住宅”的愉快厕所养成指南

厕所也可以是一处令人愉快的空间。本来一间厕所里只要有容下一台坐便器的空间就可以了。厕所恐怕是住宅中唯一一处必须独处的场所。除了满足功能方面的需求，厕所的设计也可以为独自一人的如厕时光制造更多愉快的心情。

有的坐便器水箱上附带洗手功能。这种设计非常合理，但是不适合用于养成式的住宅设计。最好另设一处平台，小一点也没关系，在这个平台上装洗手池。旁边可以装饰些旅行纪念品和手作小摆件。

厕所收纳最好分为可见收纳和隐藏收纳。扫除用具和生理用品当然不能露在外面，最好放入有门的收纳柜。收纳柜可以设在洗手台下面。

可见收纳包括卫生纸和擦手巾等。用旧材料做成开放式架子是个不错的想法，可以再做一面有立体感的木框镜子放在上面。卫生纸库存如果比

较多，建议放在金属筐里收纳整齐。金属筐比塑料筐更结实，看起来也显得更整洁。

还曾经有客户拜托我在厕所里放置书架。一整面墙都做成书架，非常独特。书架上并不是要放满书，而是当做收纳架使用。仅仅是这么一个小改动，就让厕所变成了更令人愉快的空间。

厕所里设洗手台

卫生纸放在金属筐里，整洁又清晰可见

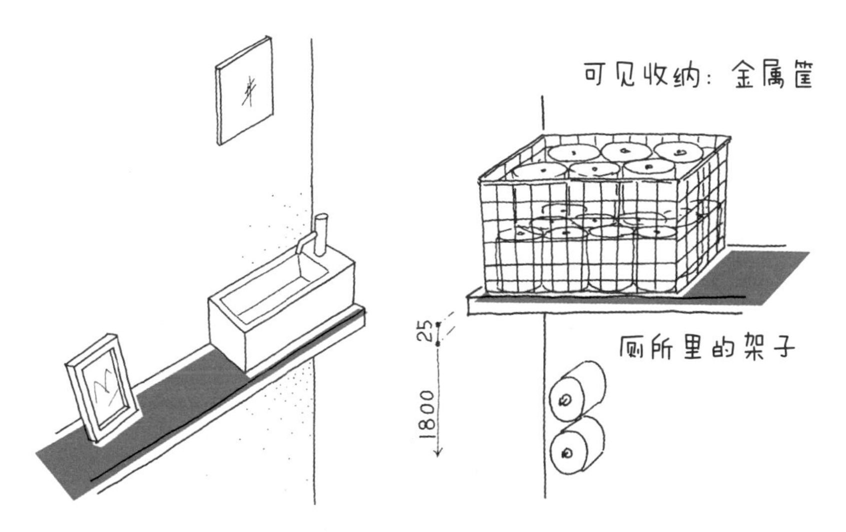

05 卧室养成方法

① 卧室的必需功能

卧室是住宅中最隐私的空间，也是住宅设计中要求较少的房间之一，一般客户不会提出太细致的要求。但需要考虑的问题仍然很多，比如要在哪里晒被子，卧室和衣柜是怎样的关系等。

卧室的必要功能中，安稳的睡眠首当其冲。卧室必须能让人睡好觉。单人寝室还好说，夫妻寝室则要根据两人睡觉和起床时间的不同设计床

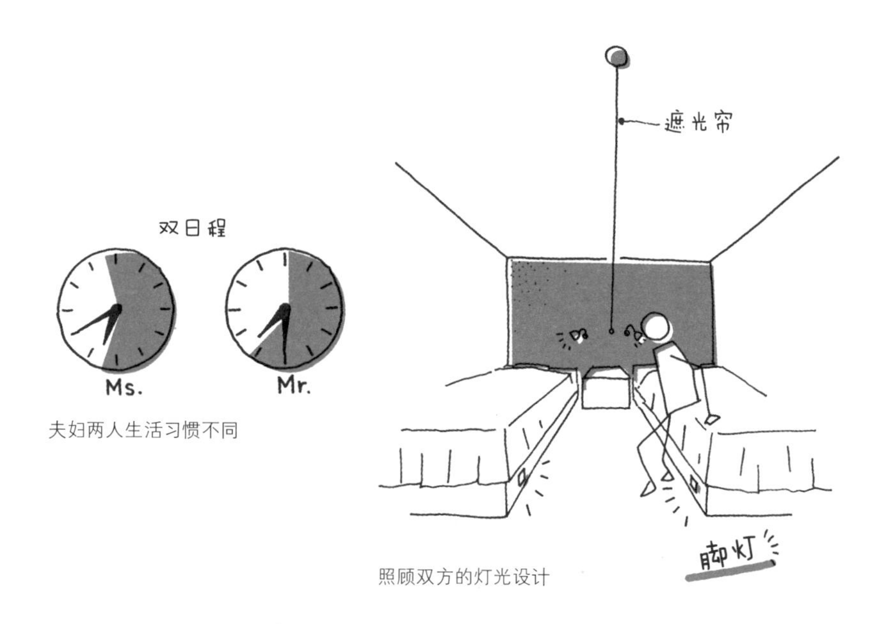

夫妇两人生活习惯不同

照顾双方的灯光设计

的配置和照明。有的人夜里会起来上厕所，有的人只在全黑的环境里才能睡着，有的人想要早上的自然采光，大家的要求出乎意料的各不相同。还有人会有自己的特殊习惯，比如睡前一定要读书、枕边一定要能给手机充电等。

我来讲个很有说服力的例子，是一对50多岁夫妇的故事。他们习惯在榻榻米上铺被子睡觉，一个小房间明明就够，但太太要求要分成两间。可能是嫌老公鼾声太响或是半夜回来会被吵醒吧。这个要求完全说得过去。但是太太还说希望两间卧室中间设有隔扇。毕竟要铺被子收被子，有能开关的隔扇更方便些吧。正当我这么想时，太太却说出了别的理由。她想在睡觉的时候打开一扇隔门，这么做的理由，竟然是“早上起来发现

卧室里的书斋，也兼做熨衣台，很结实

老头子死在隔壁房间就糟了……”。类似的例子还有很多。不到一定年纪肯定很难理解吧。

卧室里一般设有女性用梳妆台，如果不需要，可以把梳妆台设在卫生间。

卧室有时也用作收起晾晒衣服、叠衣服和熨衣服的空间。桌子的宽度需要足够大，才能正儿八经地熨衣服。有人还希望能在卧室里晾干洗过的衣服。如果卧室对面有晒衣服的阳台，那就尽可能扩大阳台的空间，用作睡前小坐的空间。

②“养成式住宅”的卧室养成指南

卧室有两种，有人榻榻米上铺被子睡觉，有人在床上睡觉。出乎意料的是，选择榻榻米的人居多。理由多半是出于“能和孩子一起睡觉”。那以

榻榻米床是一辈子的朋友

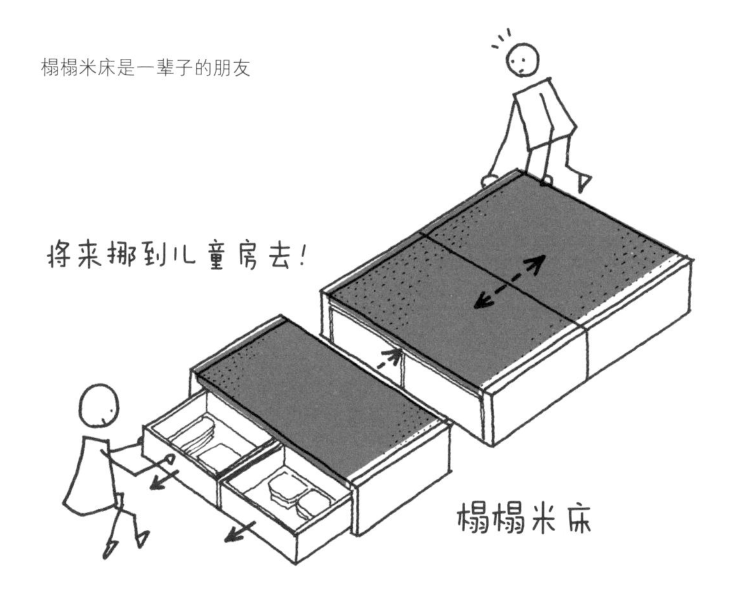

后和孩子分开睡之后要怎么办？老了以后上下搬被子的问题怎么办？

有一个方法能解决所有以上烦恼。那就是使用榻榻米床。按家里的人数购入单人尺寸的榻榻米床(1 m×2 m,高约40 cm),孩子还小的时候就把所有床并排拼在一起,一家三口睡成“川”字形。也可以三张床稍微分开放。将来和孩子分床睡了,就移一张床去儿童房。也可以拉大床和床之间的间隔,中间设起隔墙。榻榻米床下面是收纳柜,可以在换季时收纳被子和纺织品。

儿童房养成方法

① 儿童房是什么

儿童房是什么样的房间？是孩子小时候的教育场所？或者是教孩子整理整顿、培养自立性格的地方。其实这个阶段并不一定要有儿童房。据说家里蹲和少年犯罪正在成为越来越严重的现代社会问题。还有调查结果显示，成绩优秀的孩子，都是在餐厅等家人看得见的地方学习。餐桌也可以用作学习桌。有时候儿童房的存在不仅没能让孩子自立，反而是孤立了孩子，也不利于家庭成员之间的交流。

不先搞清儿童房的必要需求，就很难决定儿童房的样式。但是至少要保证的一点是孩子的物品的收纳和保管空间。孩子小时候有很多玩具，长大之后，衣服和书也会越来越多。儿童房的必备功能，就是这些物品的收纳。

② “养成式住宅”的儿童房

儿童房该如何设计？最初的儿童房仅用作就寝和孩子物品的收纳场所。家长的教养方针不一样，孩子房间的风格也不一样。但是无论如何，孩子的房间内最好不要放置桌子。这样一来，不到约4.8 m^2的面积就足够了。孩子幼儿期时将玩具收纳在房内，等孩子能自己睡了，再把榻榻米床移过来。随着孩子一年年长大，收纳玩具的空间可以改造成衣柜。孩子上学以后，就在儿童房之外的别的地方摆张桌子，作为孩子的学习室，也兼做大人们的书斋。如果面积上允许，还可以给书斋配备第二起居室的功能。摆张大桌子吧。学习房和起居室、餐厅之间的关系性也要留意。

③ 儿童房养成指南

让我们先抛开各种育儿理论不谈，着眼于儿童房早晚要撤掉这一点上。家中需要儿童房的时间出乎意料的短，可能只有10年左右。因此儿童房的设计要考虑到将来的多样化用途，大概有以下三种变化的可能性：

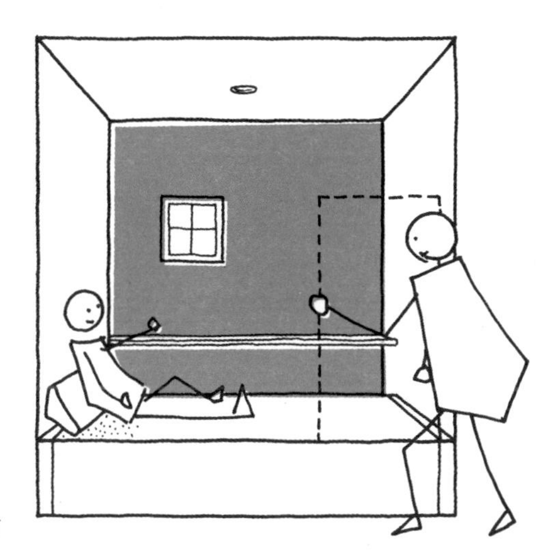

儿童房只要能睡觉就够了

一种是作为“客卧”，一种是作为“老人房间”，最后一种是作为“夫妻的兴趣房”。

客卧，就是客人用的卧室。我明显感到现在的客户提出设计要求时，越来越少地会设想到有客人来家里留宿的情况。尽管如此，长大独立后的孩子也需要一间回家时住的房间。家里的老人也可以住在这里。面积较小的住宅很难在建造初期实现客用卧室的设计，通过对儿童房的再利用，这个问

儿童房可以变成多样的房间

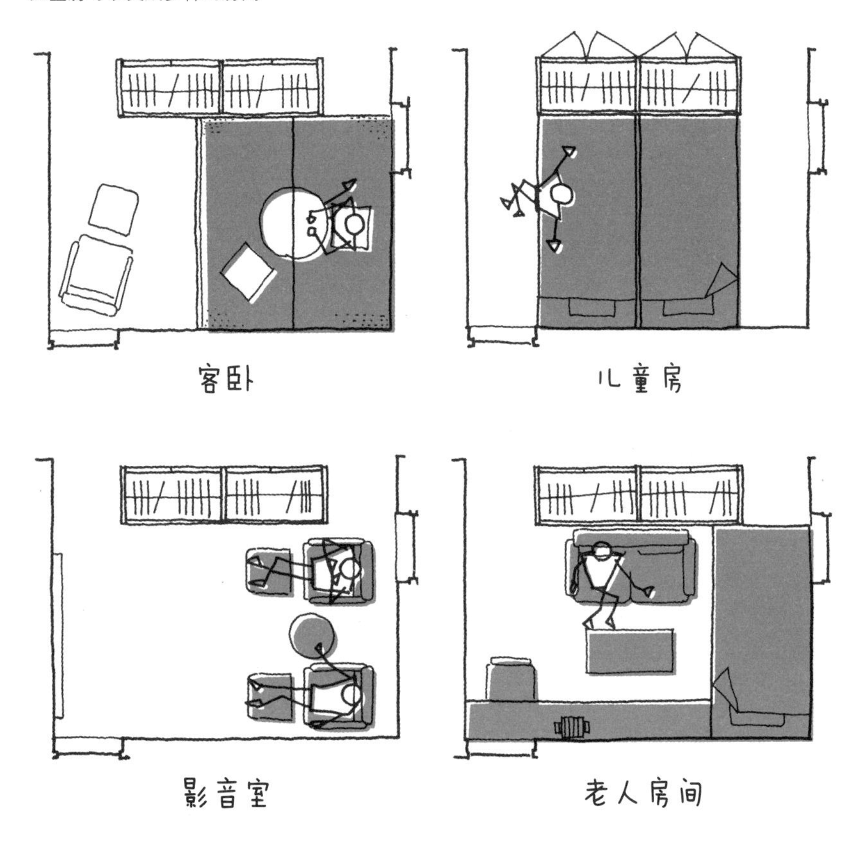

题就可以迎刃而解了。

第二种利用方法是将儿童房改造为老人的卧室，过上两代同堂的生活。不论是双亲都来住还是只来一位，都足够灵活应对。

第三种方法是活用为夫妻的兴趣房间。孩子离家后，不如把空荡荡的孩子房间改造成夫妻俩的兴趣爱好房间。至于这间房到底用来满足什么兴趣爱好，现在当然没法决定，到时候自然会知道。

收纳养成指南

住宅中需要多大的收纳空间呢。

一项调查显示，独栋住宅的地板面积往往有10%～15%都被用作收纳空间。其实，收纳的质比量更重要。收纳的质是指在必要的时候、必要的场所准备必要的收纳量。

① 计算当前收纳量

收纳量的计算要遵从一条烦人的法则，即“物品量决定收纳量”。不管收纳空间有多大，总有一天还是会有装满的时候。如果放着不管，物品量就会随着时间流逝无限增加。一不留神，收纳空间就不够用了。因此，我们一方面要控制家中物品的增多，另一方面也要培养自身断舍离的勇气。

住宅内需要配备一定量的必备收纳空间。各家情况不同，所需收纳量也不一样。所以一定要算清楚自家所需的收纳量。这项工作从计算当前物品的收纳量开始。

先从最占地方的书开始计算：书的收纳空间需要多少米，书架宽度应为多少米。还要根据尺寸对书进行分类。比如文库本20 m，A4文件5 m等。

衣服要是挂在衣架上，就要算好挂衣杆的长度。按一个衣架宽度8 cm计算的话，30件衣服的宽度就是2.4 m。可以叠的衣服则放在抽屉里。根据具体情况计算需要的抽屉个数。

同理，餐具收纳、鞋靴收纳、纺织品收纳的计算也很重要。餐具一般都是叠放在架子上，现在也有能立着放餐具的抽屉。根据具体情况计算餐具架子宽度要多少米。鞋则按一双20 cm计算。30双鞋就是6 m。由于鞋不能像餐具那样叠放，出乎意料的很占地方。纺织品放在抽屉里，就要

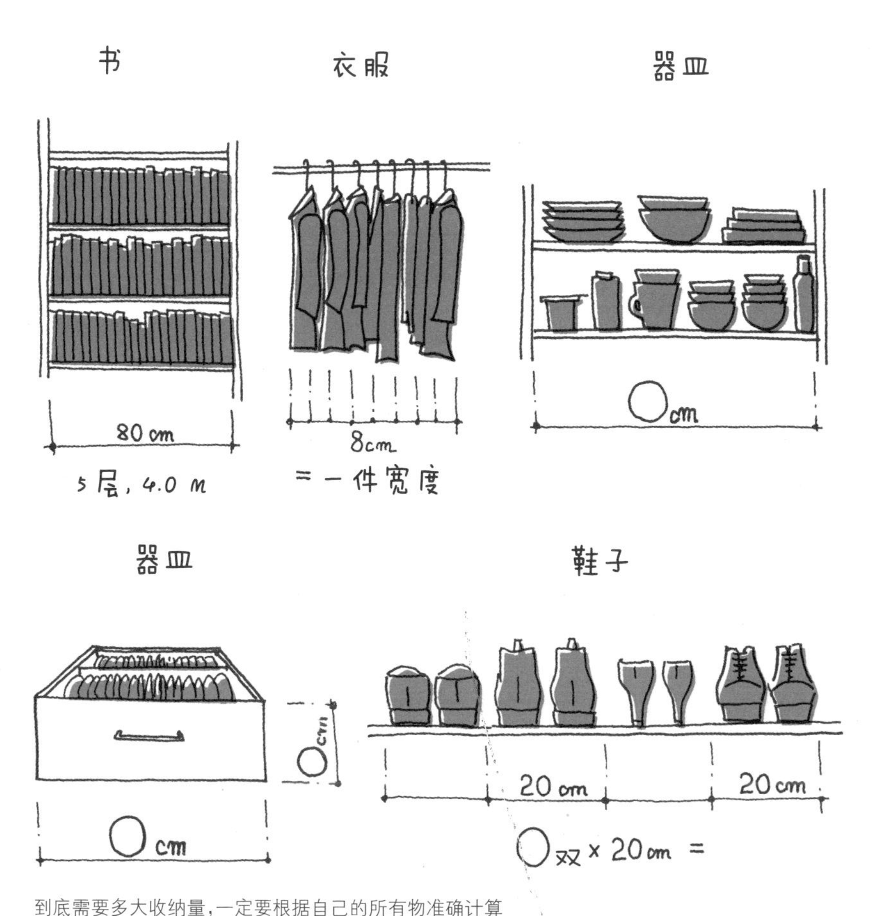

到底需要多大收纳量，一定要根据自己的所有物准确计算

算好抽屉的长度；要是放在箱子里，就要算好所需箱子的个数。

② 收纳空间不用太大

现在有很多人憧憬宽敞的衣帽间，也就是所谓的储藏室。其实，只有特别擅长整理的人才能够驾驭衣帽间。杂志和产品目录中常常出现衣帽间的照片，整面墙的开放式收纳架，各种物品井然有序收纳其中，叫人看了心生向往。然而，衣帽间的收纳量虽然足，但却不是一种好的收纳场所。把所有的东西都集中在收纳在一处，不符合适材适所的原则。起居室用的东西就该放在起居室，厨房用具就该放在厨房，玄关用的东西就放在玄关，这才是收纳的基本。如果采用适材适所的收纳方式，从结果来看，大衣帽间就没有存在的必要了。大多数人的衣帽间用上一年时间，就会乱得无法进入，变成一处迷之空间。因此，收纳的重点在于必要的场所中放置必要的量。

此外，衣帽间还会造成大量空间浪费。假设衣帽间的面积为7.2 m^2。两侧为收纳，中间还有2.4 m^2的空余空间，这一块空间必须得空出来。实际的收纳量只有4.8 m^2。也就是说，如果将收纳设在本来就有通路的空间，那么只要占地4.8 m^2就可以实现和衣帽间同样的收纳量。

我们最好放弃衣帽间，采用适材适所的收纳方式。衣帽间中收纳了各种不同空间使用的物品，取放都不够方便。比如厕用卫生纸的库存就是放在厕所里比较好。

乱得没法进的衣帽间

理想中的整齐衣帽间

③ “养成式住宅”的收纳和收纳养成指南

养成式住宅的物品收纳分散在房间各处，收纳量也是各取所需，不怎么需要专门的收纳场所。这也是为了预防将来不可预测的变动。要有效利用空间，巧妙使用成品收纳架。

DIY是收纳养成的重要方法。空闲时候可以自己制作收纳空间中的架子。收纳门内的架子即使做得不够精致，从外面也看不出来，用惯之后也

这样一来就可以随时增加横板或挂杆

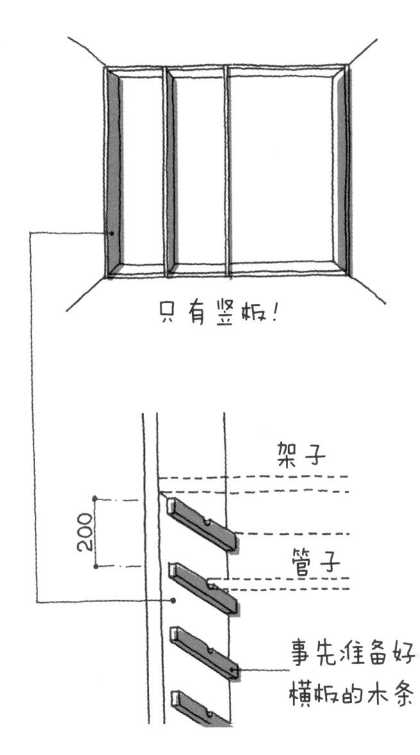

装进喜欢的瓶子里

可以装饰得很漂亮。

区分可见收纳和隐藏收纳也很重要。隐藏收纳应该藏在柜门内部，但为了节约预算，开始时也可以用帘子代替。

收纳的养成并不是指收纳量的增加，而是指确保收纳方式可以应对将来的变化。

收纳整齐后挂上窗帘

第4章

预算分配

传统的资金配置

准备买房时要先思考什么呢？对很多人来说，这个问题的答案恐怕是试着计算“住房贷款到底能借多少钱”。现在有些很方便的网站，只要输入年收入，就能自动算出融资额度。到银行或者公司的相关窗口咨询，也可以了解到确切的贷款额度。根据现有资金和年收入数目，就能大概计算出贷款额度了。

在日本买房时需要准备金额惊人的资金。一项调查显示，光是自己准备的部分就要58万元。这笔钱无论来自夫妻两人存款，还是来自家中老人的支持，都是一笔不小数目。而大家的习惯做法是先准备大额资金，再借助长期住房贷款。原则上来

【万恶的住宅展示场】

想买房时，一大部分人会选择去看房地产商的住宅展示场。因为看房方便，再加上周末的活动，想买房子的人出乎意料的多。

住宅展示场的样板房可以说是集合了所有元素，以所有人为销售对象，以大家都喜欢为目标。面积也是梦之家般的264.5 m^2，展示设计得非常巧妙，虽然其中会有很多不必要的元素。看了样板房，大家就会认定这是理想的家。样板房里有的，自己也都想要，或者说尽可能多的纳入囊中。这导致了住房买卖中物质至上的风气，人们也都对最大限度的贷款趋之若鹜了。

说，贷款的额度是根据已有资金的比例和房主过去两年的收入计算的。在资金方面追求“能贷多少贷多少”，难免就在装修方面也追求“能装多好装多好”了。

这是多么辛苦的生活图景啊。

“住宅养成”经费=“我家的再创基金”

建造一个家和描绘一段人生或许是同义词吧。“养成式住宅”是随着时间流逝渐渐养成的住宅，资金的问题也要从时间的角度来考虑。

那“住宅养成”的必备资金到底需要多少？可想而知，住宅养成这一行为要花各种各样的钱。传统的资金分配方法，是在最开始的时候尽善尽美，之后不做任何改变。更准确地说，是想不到或者不去想今后的改变吧。“养成式住宅”要在“养成”上花钱，而传统住宅建造只在最开始的时候花一次钱，还是传统方法更省钱。这种说法恰恰说反了。初期阶段并不用，或者说根本不该投入如此大量的资金。因为还有之后的养成阶段，初期花少点钱就足够了。

初期的施工费也要控制在最小限度。我会在后面的章节详述施工费的构成。装修也精简到当前阶段必要的程度，这样一来初期施工费大概可以压缩到原本的75%，每月就能少还点贷款了。重要

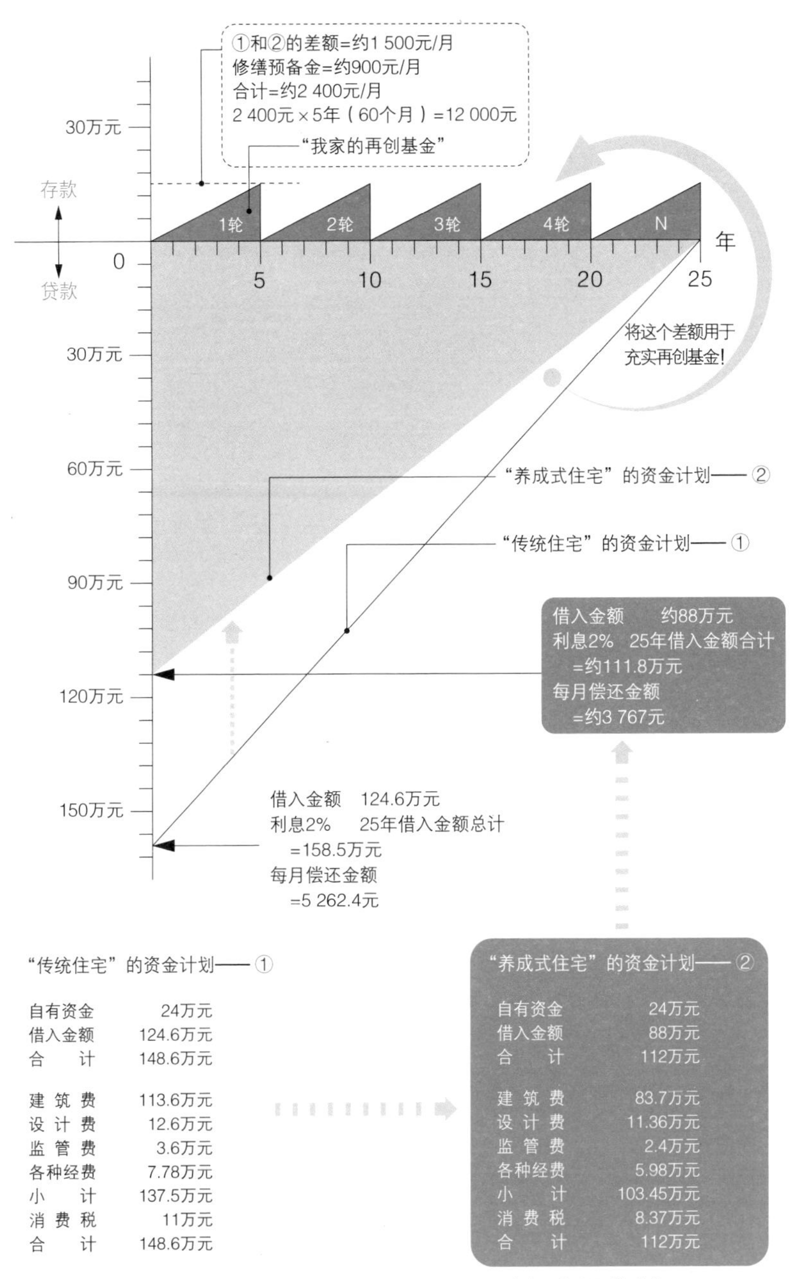

“传统住宅”的资金计划——①

自有资金	24万元
借入金额	124.6万元
合　计	148.6万元
建筑费	113.6万元
设计费	12.6万元
监管费	3.6万元
各种经费	7.78万元
小　计	137.5万元
消费税	11万元
合　计	148.6万元

“养成式住宅”的资金计划——②

自有资金	24万元
借入金额	88万元
合　计	112万元
建筑费	83.7万元
设计费	11.36万元
监管费	2.4万元
各种经费	5.98万元
小　计	103.45万元
消费税	8.37万元
合　计	112万元

※如果是买地盖房子，土地购入费也要算进去

的是将省下来的还款差额用作预存资金。原来用于施工和返还住房贷款的差额就用来充实再创预备金。这笔钱是“我家的再创基金”，每存个3～5年，家里就可以进行一次翻修了。

一边偿还贷款，一边存储“我家的再创基金”，这样的住宅才能满足不同时期家人们对住宅的不同需求，才能为了保持合适的住宅环境而随时改变。

下面让我们来看一个例子：

日本传统的住房开销是自有资金24万元加上124.6万元的贷款，合计148.6万元。假设利息为2%，还贷款需要25年。每月的返还金额为5 262.4元。而“养成式住宅”只需88万元左右的贷款，加上自有资金，就是约112万元。相同贷款条件下，每月只需返还3 767元即可。这样一来，每个月就能产生1 495元的还款差额，加上以防万一用的修缮预存金每月约900元，一共是每月2 400元。这笔钱就是“我家的再创基金”。这样存下去，每隔5年就能有1.2万元的存款可用于住宅修建。

施工的入手场所和日后完善的场所

住宅施工到底需要多少钱？日本的周末报纸里常能见到卖房的传单，上面写着的标语往往很夸张，比如“每平只要8 000元的定做住宅！”之类。但就拿我的事务所平时设计的住宅来说，我们绝对没有使用什么高价材料或者奢侈构造，但在价格却离报纸上描述的超低价远着呢。

装修会在哪些地方花多少钱？关于这个问题，请参照10页的饼状图，这是我的事务所在设计一般低成本住宅时的详细施工费图表。

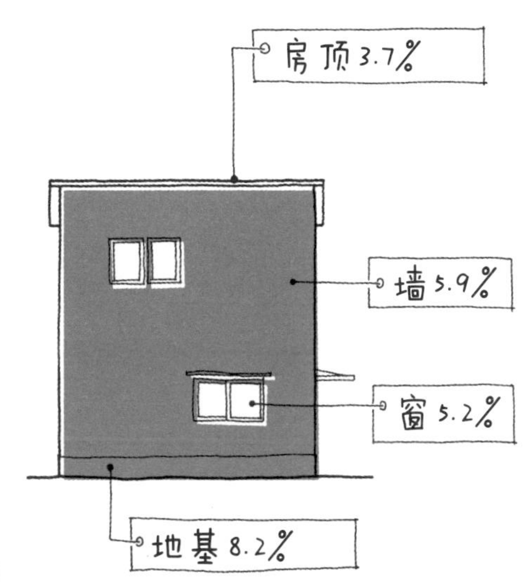

家装资金分配

其实，对于“养成式住宅”来说，资金的时间轴分配是自由的，什么时候想在什么方面花多少钱都可以。但这是建立在对以下几个问题的客观认识之上：装修应该先从哪里入手，哪里放到10年后完善也不晚，以及哪里是自己最重视的地方。基于对这些问题的客观认识，把大钱花在刀刃上，其余部分则适可而止。“住宅养成”的基本思路，是综合衡量建筑的强度、隔热、气密、外观、家具、厨房等因素，将不同时间段的重点放在不同因素上。

最开始要把钱花在哪里？答案显而易见，即保证家人们的生命和健康。此外，第一笔钱还要花在日后没法改动的地方。

【关于每平单价】

住宅的价格以每平的单价为指标。和字面意思相同，这个数字表示的是每平住宅的价格，即把施工费平摊在了每一平面积上。前面提到的每平8 000元的价格非常蹊跷。这个价格到底是怎么计算的呢？许多房地产商在给出每平单价时，都没有将厨房计算在内。空调设备、地暖等特殊设备，照明器具，外构施工和庭院、围墙，车库和车库施工当然也都没有包含在内。计算时排除了这么多差额因素，施工费看起来当然就便宜了。顺便一提，厨房的价格一般为3万～12万，除非是特别高价的厨房。这样一来房地产商给出的金额和实际金额就相差4倍。住宅总面积如果有99 m^2，每平方米的差价就是904元。同理，加上空调设备3万元、地暖约3.59万元、外构施工约7.18万元之后，真正的每平价格就比房地产商给出的价格要高2 278元之多。这类例子绝不算极端。

房屋的基础和构造体要舍得花足够的钱，因为这可是保命的必要开销。这方面可不能节省。想想看，日本全国境内都随时可能发生地震。不管是多大的地震，住宅都应该能够庇护其中之人。

隔热和气密也不能偷工减料。这会直接影响到将来地暖的每日消耗。隔热性和气密性不达标，不仅浪费电费和燃料费，还会造成室内结露。结露会导致对人体有害的霉菌滋生，影响家里的生活健康。

构造、隔热和气密是很难日后完善的几个方面。不管是为了生命安全，还是考虑到日后强化的难度，这几个方面都应该是最先砸钱的场所。

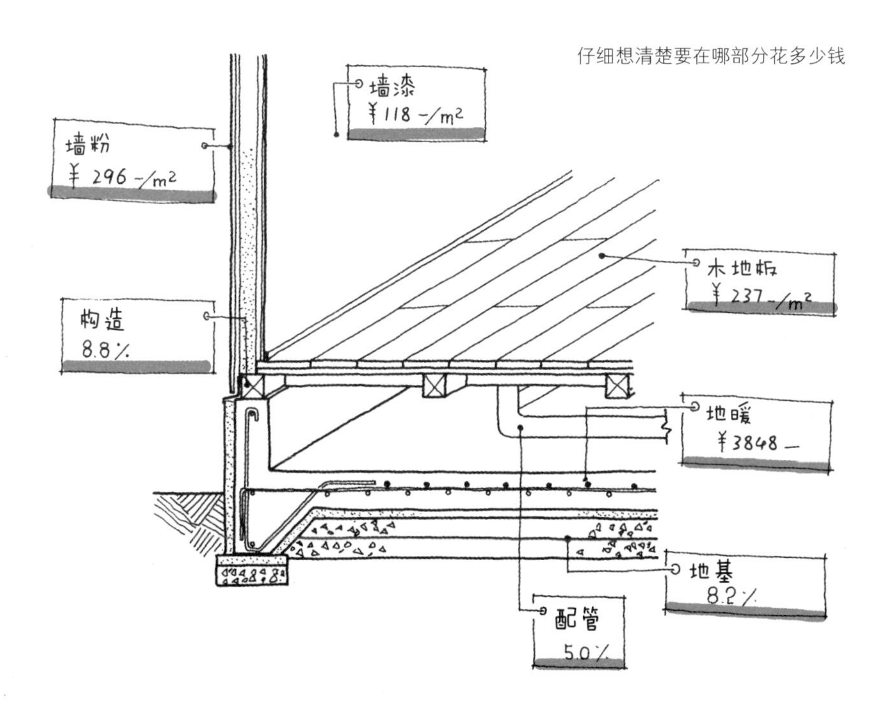

住宅的维护费

购入公寓房后，要向物业公司缴纳修缮费。根据国交省发行的“有关公寓修缮金的规定”中的公式计算，如果在一栋总面积8 000 m^2的10层公寓购买一间80 m^2的房子，每月应缴纳的修缮费约966元。这些钱将被用于公寓的定期修缮和长期维护管理。此外，自宅部分的修缮费要自己单出。毕竟公寓修缮费只是用于公共部分的修缮，自宅部分还要另准备一份钱。很多人买完房子就忘了这一点。

独栋住宅也是一样，除了每月还贷，还要存起一定额度的修缮资金，否则后果不堪设想。独栋住宅的房主们也是，常常盖好房子就把修缮金的事儿忘得一干二净。

住宅的定期维护和管理非常重要。不仅是因为建筑材料会老化，外墙和各个位置的防水也需

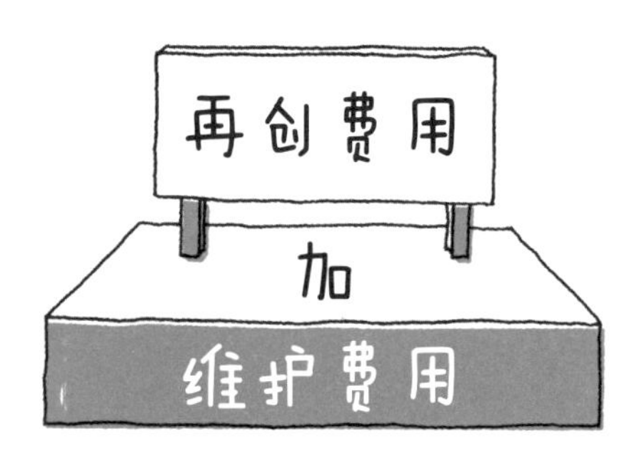

要10年左右一次的定期检查。设备配管和机器的修补或更换周期则为15年上下。住宅的维护需要花很多钱，因此必须有计划的积累“住宅维护费”。每月存1 196元，3年就能存4.3万元，10年就是14.35万元。住宅大小和样式不同，所需维护费也不同。但10年周期过后，维护费怎么说也不会比前面说得少。因为10年后要进行外墙的涂装、涂层和防水层的更换，管道的清洗和一部分设备机器的更换等。

传统住宅维护费的重点在于“修缮”，极其看重消极的重新塑造。把劣化和老化的部分恢复原状，即Re+Form=重塑。修缮费是用来把住宅恢复成新建时的状态。

本书提出的“住宅养成”中的“我家的再创基金”，有着和传统住宅维护费大相径庭的思考方式。

生活中会发生很多变化：家庭成员的变化、生活方式和兴趣爱好的变化等。修缮费是为了创造舒适的生活环境而改造住宅的费用，是让住宅越变越好的Re+Innovation=再创。不是“维持价值”，而是“增添价值”。这种思路和传统非常不一样。

住房贷款真的越多越好吗

先来看看住房贷款的定义吧。住房贷款是指“以住宅建造为目的，可以长期还款的超低利息制度融资”。住房贷款35这个词也正如字面意思，是一种可以以低利息长期固定借贷35年的重要融资手段。

但我们不能只着眼于贷款的优点。日本住房贷款其实有着很悠久的历史，早在100多年前就已经存在，当时还是部分特权阶级才能享有。这种贷款在战后一跃而起，得到了普及。尤其是在20世纪60年代以来的高速成长期，受到企业终身雇佣制度的推动，越来越多的人想方设法购入不动产，能贷多少就贷多少，反正10年后资产价值会翻倍，借到就是赚到。再加上薪资水平也不断上涨，一种“只管买房就对了”的浓厚氛围充斥着这个时代。

国家和企业也在推动一般工薪阶层购买住房。这就是所谓的充实自有房产制度。这是一种企业斡旋员工进行低利息融资的制度。员工买房子更简单了，想退休也随之变得更难了，陷入了被公司束缚的状态。日本经济就这样鲁莽地前进着，跻身屈指可数的世界经济大国。

现在的情况就不同了，或者说是正好相反。社会的成长遭遇瓶颈期，终身雇佣更是想也别想，不正规的雇佣满社会横行，不动产价格的飙升也停滞下来，日本迎来了少子高龄化社会。在这样的社会环境中，仅仅因为利息低，就长期贷入高额的住房贷款真的好吗？住房贷款的偿还靠的是个人收入，如果没有了收入，当然就没法还贷了。至少现在的工资不会像过去那样几年就能翻倍了。房价也不再飙升，就算把房子卖了还债，也不见得能还清。

造成这种现象的重要原因就是现代社会的价值观，认为一个人最好一辈子在同一家公司工作。在这个价值观多样的时代，传统价值观简直毫无美感可言。人生如此漫长，说不定什么时候就会从头再来。住房贷款制度，简直就像给年轻人上了一道决定人生的“枷锁”。

“住宅养成”提倡尽可能控制贷款金额。我们的目标不再是“一气呵成的住宅”，买房装修这件事也就很难再成为“枷锁”了。住宅养成提倡时常给家里添砖加瓦，这样住房的“资产价值”也不会受损。

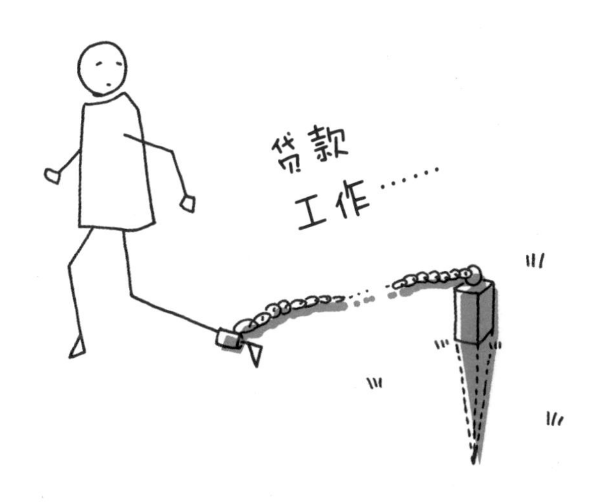

第5章

从「学习」开始到「共创」的过程

满足你“愿望”的住宅不一定是好住宅

建造住宅需要极强的专业技能。这是一项专业工作。住户要寻找值得信赖的建筑师，签署设计合约时准确向设计师传达自己对住宅的要求。建筑师则根据客户的要求，竭尽全力进行设计。为了充分理解住户提出的大量需求，建筑师会时不时提出问题或方案，渐渐打造出符合客户希望的住宅。这一直被人们认为是理想的、正确的住宅建造方式。

住户的需求说明（当然不一定是书面形式），其实是顶着“需求”名字的“愿望”。比如想要这样、想要那样、但是钱又不够等。住户的需求说明中零散分布着家人们的不同意见。提需求倒不是件坏

对我们来说，什么是必要的，什么是不必要的呢……

事，但如果房主一股脑儿地把要求丢给建筑师，建筑师就只能靠自己的解释得出方案。成功的住宅设计，就意味着建筑师的解读符合客户的想法。这种想法是不对的。因为客户的满意只不过是巧合，不那么凑巧的时候自然也会有。

比起上述做法，“住宅养成”要更加前进一步。住户自己也应该更多地参与到住宅建造的过程中来。

“共创”是启发“重要之物”的过程

传统的住宅建造中，并不存在共同创造的“共创”这个视角。住户不再是单方面的传达“愿望”，而是和建筑师一起共同思考、共同建造。房地产商等贩售成品住宅的机构也不会从这个角度思考，因为住宅建造对他们来说不过是一门生意，共同创造未免太费时费力，也不会带来任何利润。建筑师也是一样，住宅建造对他们来说是一件“作品”，自然不会想到共同创造。“共同创造”的过程让建筑师失去了主体性，也会有损于建成住宅的作品性。

也就是说，“共创”不是住户想实现就能实现的。

半吊子的专家会说“交给我们就好了”，说“外行不懂的东西太多了”之类的话。这种说法其实并不正确。住宅是一种内省性极强的建筑。一些对于一家人来说再普通不过的生活习惯，对另一家人来说却会非常不可思议。住宅就是这样一种承载住户全部生活的“容器”。我们一定要先弄明白一个问题，即自己的“重要之物”是什么。知晓和理解自己的“重要之物”，才是住宅设计的起点。在设计初期，建筑师必须要和住户一起“共创”，在共创的过程中摸索得出“重要之物”。

住宅建造从“学习”开始

住户在和建筑师开始“共创”之前，一定要先经过一段学习。这个过程是不可缺少的。你或许会觉得这大惊小怪，或许觉得麻烦，但是我可以肯定地说，住宅建造必须从住户自己的“学习”开始。住宅建造可是一件大事，学习了大量知识，打好了基础，才能享受住宅建造的乐趣。这也是为了摸索自家的“重要之物”所做的初期铺垫。

① 读书

学习的第一步是“阅读住宅建造的相关书籍”。

到书店看看，就会发现和住宅建造有关的书非常多。当然，那种专门人士才会读的技术书大可放在一边。我在这里列举几本适合住户学习的书。

□ 关于房间布局和住宅功能的书

对多种多样的房间布局的了解很重要。从传统到前卫甚至到奇怪的房间布局，读过之后就会了解这些布局背后的理由。

《怦然心动的房间布局创意图鉴》(X-Knowledge)

《宫胁檀的“格局”图鉴》(山崎健一　著/X-Knowledge)

《家的故事》(石川新治　著/经济界)

□ 从家庭状态和子女养育的角度来讨论住宅建造的书

可以让你了解子女养育和空间格局之间的关系。

《成家失子》(松田妙子　著/住宅产业研究财团)

《家庭的变化与住所的变化》(篠原聪子、小泉雅生、大桥寿美子、Lifestyle研究会　著/彰国社)

《容纳家庭的住宅与超越家庭的住宅》(上野千鹤子　著/平凡社)

□ 关于生活方式和生存方式的书

可以看出生活方式和住宅状态的关系。

《温柔的住宅学——准备养老的100个启示》(清家清　著/情报中心出版局)

看看书

《“住宅建造”这件事——不会后悔的住宅建造与家族关系书》(藤原智美　著/President社)

□ 关于住宅构造的书

学习住宅相关的社会背景。

《“住宅”思考方式——20世纪住宅系谱》(松村秀一　著/东京大学出版会)

《增资的家与增债的家》(南雄三　著/建筑技术)

□ 关于资金分配的书

教你如何聪明地贷款,并深入介绍税金知识。

《住宅建造预算一本通2015-2016》(田方美纪　著/X-Knowledge)

□ 关于环保和节能的书

学习节省电费、能源费的住宅建造方式。

《隔热×节能×绿空间设计·让你一台冷气过四季》(西乡彻也　著/X-Knowledge)

《超厉害的环保住宅建造指南》(野池政宏、米谷良章　著/X-Knowledge)

□ 关于建筑素材和DIY的书

介绍了什么样的材料可以打造什么样的家,有哪些事情可以自己动手等,这些书可以让你了解更多样的住宅建造风格。

《内外装材活用指南2014-2015》(大家的建材俱乐部　著/X-Knowledge)

《专门绝技打造趣味DIY内装》(古川泰司　著/X-Knowledge)

如果避开这些学习就开始住宅建造,实在是一大遗憾。我认为,如果只是向建筑师传达自己的“愿望”,被动地进行住宅建造,就相当于舍弃了一半以上的造房乐趣。

② 参加研讨会

第二个学习步骤是“参加研讨会”。这一步比读书要难实行的多，但是现在有很多面向一般大众的住宅建造研讨会。研讨会花费不多，却可以学到很多有用的知识，比如合理贷款的方法、住宅节能指南、方便好用的厨房建造法和巧妙的收纳方法等。还可以听到很多书里读不到的专家心声和行业内情。这也是研讨会的魅力之一。从其他听讲者那里受到激励，也实在是乐事一件。

我的工作室有一个“住宅建造咖啡座”的项目，专门展开各种各样的研讨会。每次研讨会都充满乐趣和实用的话题，比如“实现梦想的土地，梦想

住宅建造研讨会是个充满发现的场所

就住宅建造这个话题，“听听意见”、“说说想法”

破灭的土地”、“再创ABC”、“既不是新建也不是再创的住宅建造方法”……目前还有“舒适厨房建造指南”和“照明设计造成的空间演出变化”等话题还在准备中。

③ 和建筑师谈谈

最后的学习步骤是“和建筑师谈谈”。这一步是指拜访建筑师，难度更上一层楼。拜访书籍的作者、研讨会的演讲者或者杂志和网上看到的建筑师都可以。在自己学习的过程中，找到能和自己的想法产生共鸣的建筑师，试看上门拜访。然后听听建筑师的意见。通过讲述自己的想法，就可以知道这位建筑师对住宅建造持有怎样的立场。

以上就是全部“学习”的过程。

万恶的住宅展示场

很多想买房的人最先干的一件事，就是参观住宅展示场。虽然俗话说“百闻不如一见”，但住宅展示场反会让人的思路模糊起来。我们的视觉接收到的信息会对我们产生非常大的影响。住宅展示场的一排排样板房面积大都有264.456 m^2，非常宽敞奢华，比一般住宅面积要大好几倍。营业员站在宽敞的玄关，亲切地接待每位来参观的顾客。进到室内，各个房间也做得又宽敞又明亮。住宅展示场内有多家房地产公司的样板房，大家纷纷为了

住宅展示场的华丽演出

凸显自己旗下房产的优点，往往过分夸大样板房的好处。乍一看非常美好的样板房和实际情况却相差甚远。样板房又宽大又华丽，使用的也是高级家具。看过之后，客户心头往往就深刻烙下了这种“理想型住房”。住宅展示场的罪过，就在于让人忘记自己的真正需要，忘记自己的“重要之物”，而去一心追求“理想化”的住宅。

“共创”的文化

我认为，理想的住宅建造应该注重“自己动手”。住户自己设计，自己施工，不惜花费时间和精力，踏踏实实地慢慢建成自家的住宅。这才是住宅建造的“终极理想”。但从实际情况来看，这个理想是不可能实现的。住户没有那么多时间，也没有足够的知识和技术。所以住宅建造才需要依靠他人。

首先要寻找建筑师，看看建筑师过去的作品，判断建筑师的风格是否符合自己的品味。但这种方法只看结果却没看过程，判断结果不一定准确。比起这样做，应该在关注建筑师作品的实际结果的同时，也要关注建筑师说过什么、写过什么。如果建筑师的话能让你产生共鸣，那这位建筑师就值得

住宅建造是一种文化

你信赖。

住宅建造的过程中隐藏着各种重要问题，房间布局为什么要这样设计、这个形状是为什么、颜色是为什么、为什么选择这种素材等，都是住户和建筑师“共创”的结果。建筑师不是根据自己的嗜好，而是基于和住户的共同理解做出决定。其实一件在建筑师眼中无比绝妙的作品，却不见得能让住户满意。

我认为住宅建造是一种“文化”。从这个角度来想，“共创”的想法也就顺理成章了。把住宅建造当做“生意”也好，“作品”也好，都不应该太过于偏激。

对于“养成式住宅”设计的初期阶段来说，共创的过程必不可少。在这个阶段，首先要把你的日常生活故事化，并和建筑师共享你心中的想象，最后再进一步分享你的“重要之物”。可以将你的想法整合成文章或者图画。可以和建筑师一起画房间布局图，也可以自己动手做模型。不要一味听从建筑师的提议，自己也要动脑思考，并让想法成型。不仅要向建筑师提交要求说明书，自己也要试着想想，自己的要求要怎样实现。总而言之是要和建筑师一起思考。

第6章

非全权委托住宅建造

“轻松”和“快乐”是反义词

过去的泡沫经济时代，有一种叫“成套产品系统”的说法。这是种转转钥匙就能用、不用顾客操任何心的系统，顾客只等完成后使用即可，没有任何压力，真不愧是泡沫经济的产物。这样的系统现在并没有完全消失，比如大学医院里的年轻医师就有一套类似的医院开业系统。相关从业人员一手包办整个项目，从院址的选择、不动产物件的准备、医院的建筑到医疗设施的配备、员工的安排和开业后的各种软服务，应有尽有。

这种成套产品的系统，正好类似于房地产商的住宅供应系统的理想形式。顾客先是在住宅展示场参观完工住宅的具体形式，之后草草进行设计，在初期阶段就一口气签下施工承包合同。然后由装修公司负责购入必要的室内装潢、家具和窗帘等。甚至连庭院建造也一手包办，总之是想方设法

轻松 …Easy

≠

快乐 …Happy

提升相关各方的营业额(不同的房地产商之间存在差异)。稍微大一点的装修公司,也是把房地产商的这种做法奉为圣经。他们的事业模型,就是要把和住宅建造有关的各方各面都囊入麾下。

先不提花费,对住户来说,这种看起来“轻松”的做法似乎非常理想。其实这当中隐藏着一个巨大的陷阱。问题在于住户入住后房地产商不管不问的态度。住户自己完全没有参与住宅建造,缺少了这部分知识准备,当然也不知道该怎样保养住宅。住宅在住户入住时即处在顶峰状态,之后就一边倒的不断老化。

住宅建造决不能采用“成套产品系统”的模式。“轻松”不等于“快乐”。从住宅养成的视角看,甚至可以认为这两个词互为反义词。

自己也能做

住宅建造，尤其是施工的过程往往被人们认为是专业人士才能进行的工作，其实并不完全是这样。现在的书店里自制家具和DIY相关的书籍如此之多，多得都能堆满书店一角了。如今的建材超市也是物资充足，谁都能买到盖座房子需要的全部材料。自己的住宅自己造，结果可能不如专业人士做得完美，但其中成就感却会令人非常满足。自己动手的过程会是种难忘的回忆，会让人心中涌出对房子的依恋之情。建造的过程也是为了将来保养而进行的练习。

施工的时候家里会有大量专业人士出入，这是一个很好的学习机会。每天来到自家施工现场的匠人们，都是现成的老师。

可以靠自己努力完成的工作有以下几项。（此事关乎匠人们的名誉。因此笔者事先说明，这绝不是些非常简单的工作。）

【涂装】
请匠人抹好底层的灰泥，表面处理可以自己动手。自己完成所有部位的涂装不太可能，那就参与一部分涂装施工吧。

【贴瓷砖】
用黏合剂来粘贴室内地板，自己也可能做到。

【涂灰泥】
比涂装难度要高，在匠人的帮助下可以尝试自己动手。

【贴地板】
只要足够灵巧，贴地板工作在某种程度上也可以自己动手。

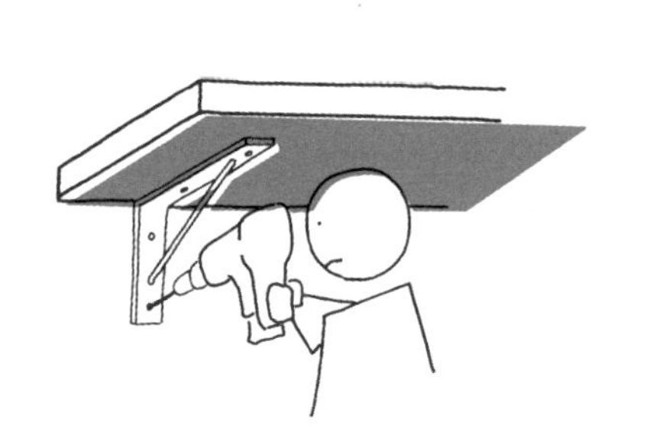

【做棚架】
需要电工工具，请务必挑战自己试试看。

【做家具】
需要专门工具，但是能让人产生很多成就感。

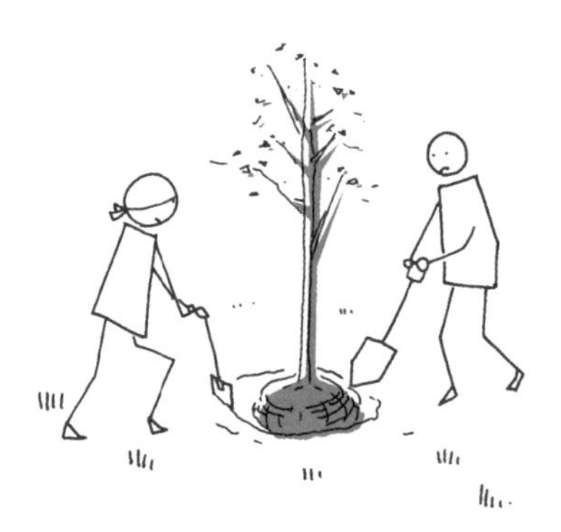

【种树】
看起来简单其实难。挖土需要耗费大量体力，必须在有帮手的情况下进行。

【组装照明器具】
配线施工要有相关资质，但是可以自己组装照明器具。这是个很有趣的过程。

【组装木条板】
在家具自制市场购买木材。请装修公司帮忙处理木材。也可以网购木条板。

03 挑战分别订购

其他自己很难动手的工作也不要只委托一家装修公司，最好再尝试下其他途径。比如使用旧材料，挑战风格独特的室内装潢。旧材料可以从批发商处购买，家具的订做则可以另行委托其他公司。也可以在网上或者古董店里找找自己喜欢的门把手等配件。这也不失为一种参与住宅建造的好方法。

但是装修公司不会喜欢这种做法。在大部分装修公司里，木匠、涂装工人、设备专业人员等工人并不是正式雇佣的员工。一间小小的木造住宅也要用到至少十个工种的工人。装修公司给这些工人提供稳定的工作，把他们作为外部劳动力培养。某种意义上来说，工人们要靠装修公司来养活。但是他们和公司之间的合同类似现在的非正规雇佣合同的员工，因此心情也非常复杂。木工负责木材，涂装工人负责涂装，彼此之间形成了极强的信赖关系。住户和建筑师要是要求使用别的渠道购买的材料，就打破了工人们之间的这种联系，有可能会被工人们猛宰。

上述这种自己寻访古旧材料店、自己挑选和订购木材的做法绝不“轻松”，但却充满“乐趣”。好的装修公司应该能理解房主的想法，即使施工作业被分给不止一家来做，也能协助住户建造自己想要的住宅。

厨房特别适合这种分别订购的做法。“养成式住宅”推荐专门订做自己的原创厨房，这样就可以保证厨房工作台的不锈钢面板足够厚，炉灶和水龙头五金等也可以挑选自己中意的单独订购，只有安装过程请工人们来完成。

前面也说了，过去的装修公司最讨厌这种部分承包施工的做法。一栋房子的施工除非交给他们全部包办，否则就不是一单好活儿。虽然现在还有公司这么想，但是分别订购的做法比起过去更普遍了。毕竟在这个时代，只要上上网就能买到全世界的东西，没有必要把全部施工交给一家公司来做。一些比较超前的装修公司已经能接受分别订购的做法，还认为这是时代的潮流呢。

时间就是“伙伴”

本书一直提到的“住宅养成”，是一件急不来的事情。

住户们平时往往都非常忙，先不说住宅养成做不做得到，光是有没有时间就是一个非常现实的问题。这里我们需要转变一下想法。正因为住宅需要“养成”，我们没有理由着急将其完成。这项工作需要家人们的同意和协作，如果不赶时间，很多不可能都会成为可能。

“容器”的部分一定要精心打磨，要能耐得住风雪，还要能一年四季保护住在其中的人。而“构造”的部分暂时保持些许的未完成也无妨，日后一边养成住宅，一边完善构造。时间会是你的伙伴，一边住一边细细完善自己的家，是一件非常幸福的事情。

第7章

「住宅养成」的案例分析

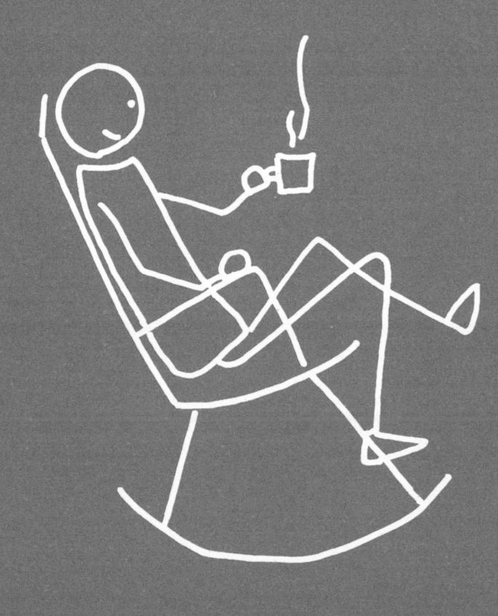

“容器”形状的案例分析

“养成式住宅”的外形不必整齐划一，应该是以宅基地的形状、住户的需求和预算等各方面的计划为前提。重要的不是住宅本身的形状，而是“边住边养成”这一思路。也就是说，住宅的外表应该能印证这一理念。本章将在此基础上举一例“养成式住宅”，是前六章讲述的住宅养成方法的一个具体案例。首先我们来看看作为初始结构的“容器”建造方案，然后再看看10年后、20年后住宅的变化，作为各位读者住宅养成的一个参考。

① 预备条件

□ 土地条件

第2章笔者已经说过，想要住宅的舒适环境能持续100年以上，必须充分掌握“容器”的预备条件，也就是土地的状况。本章“容器”设计方案的前提，一块非常标准化的土地。笔者将详细说明，如何在随处可见的标准土地上实现住宅的养成。

假设土地表面平坦，面积为8.5 m×11.5 m=97.75 m^2，西侧邻近道路。这种宅基地随处可见于住宅地区的一角。

□ 家庭构成

30多岁的夫妇和一个3岁孩子组成的三口之家。

□ 预算

见第4章内容，建造“容器”的价格为84万。

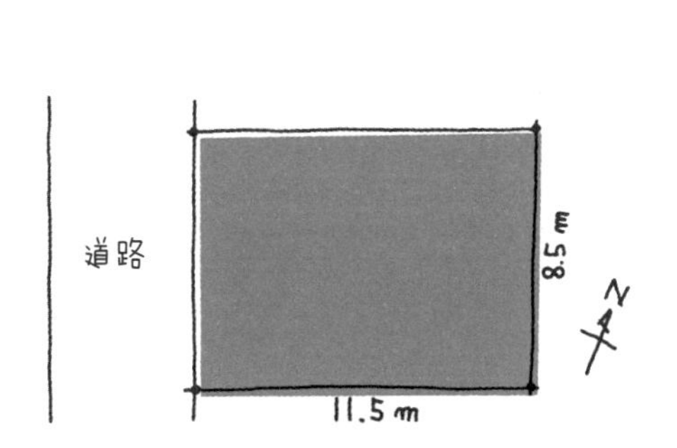

假设为标准宅基地

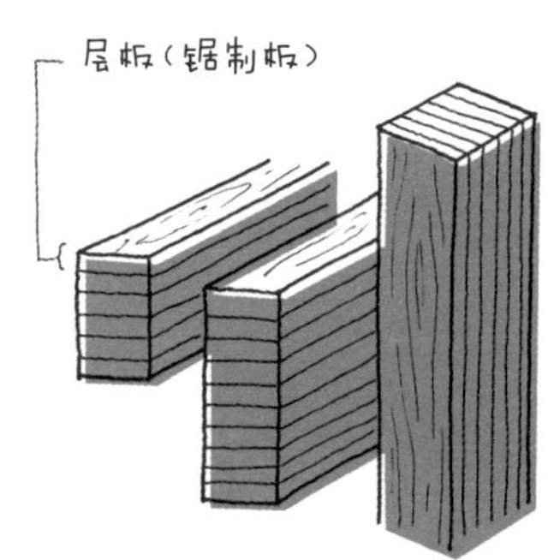

构造用集成材是?

根据耐力和用途对层板(锯制板)进行分级，多个层板叠加接合制成构造用集成材。这种板材具备一定耐力，横断面较大，强度稳定，可用于大规模建筑物。JAS(日本农林规格)中对于构造用集成材的制造方法和制品强度有详细规定。

② 构造的条件

[柱和梁]

柱和梁均为木质构造，采用符合JAS(日本农林规格)强度标准的构造用集成材。使用集成材这种强度量化(可以用数值表示)的部材，才能保证正确的构造计算。一般的纯木材都是天然材料，同一树种的板材强度也存在个体差异(强度参差不齐)。在这种情况下，即使进行精密的构造计算，实际使用的柱和梁到底能否达到计算的强度还是个未知数。因此实际情况下要进行安全方面的适当调整，比如采用比计算数值更大尺寸的材料。本来追求准确性的构造计算中却混入了不确定因素，这让构造计算的意义打了折扣。

“养成式住宅”的墙壁存在将来新开窗户的可能性，地板也可能铺了又揭。为了应对这些多样的需求变化，构造计算一定不能疏忽。按照构造计算建成的住宅，不管过了多少年，都能正确判断任何改动的可行性。在长久使用和养成住宅的前提下，明快的构造体——也就是“容器”的建造非常重要。

宫殿木匠的传统接口

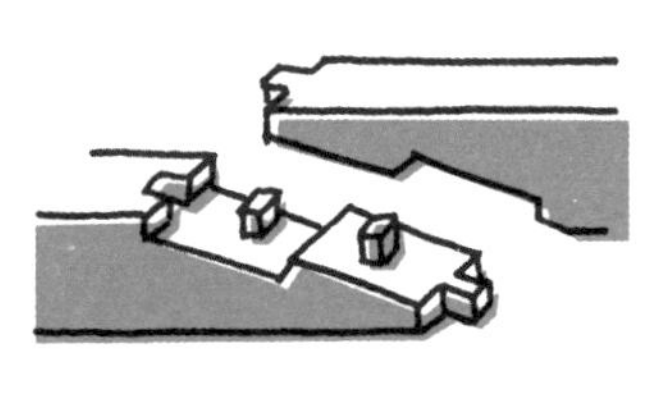

梯形接口

追挂木栓接口

[连接部位]

对于木造住宅来说，柱子和房基、柱和梁之间的连接部位是保证住宅强度的重要因素。神社和寺院常用的传统榫头和接口等接合方法，是宫殿木匠中一部分熟练工才有的高难度技术，虽然独具魅力，却不适合用于一般木造住宅的设计。现在很多住宅多用机械加工的预切割制成的简易榫头和接口，但是仅仅如此无法保证住宅所需强度，还需要用强化型五金件进行固定。

为了保证“容器”的强度，“养成式住宅”采用JIS中规定了强度的五金件代替榫接。五金件的使用不是为了强化木材，而是专门用作连接部位。这样施工就可以满足计算上的必要强度了。

[房基]

房基方面则采用板式房基的构造，把整个住宅建成全面为钢筋混凝土的土间，各个表面形成

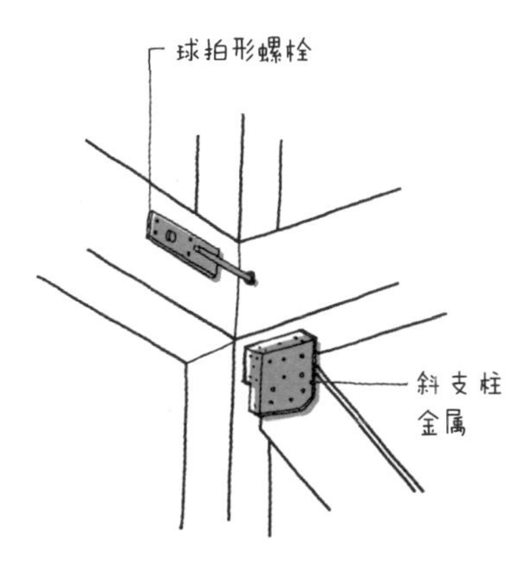

常用的传统构造则是用五金件强化预切割构造

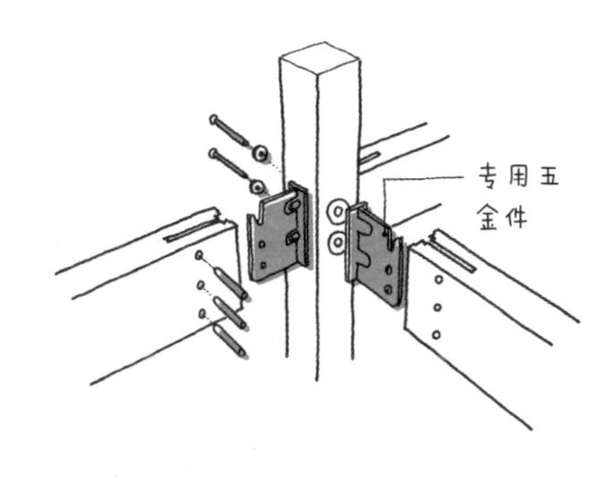

五金构造代表案例＝SE构造（SE为“Safety Engineering”的缩写，意为安全工程）

牢固的房基，将建筑物的重量和地震等能量传导至地面。“养成式住宅”把混凝土地面直接当做室内地板，地暖则根据需要进行埋设。

③“容器”的构造

1 820 mm（6尺）柱间距 ×3，2 730 mm（9尺）柱间距 ×3，一层面积约44.63 m^2，配有起居室、餐厅、厨房和卫生间（158页）。2楼只有卧室和收纳空间，只有约24.79 m^2（159页），其他部分没有地板，而是作为1楼的挑高天花板。基本构造为最小尺寸的简单四角形双层空间。大的一面坡房顶更是强调了简洁的外观和设计的功能性。为了符合法律规定的高度限制，屋顶的设计要灵活多变，可以自由变更为三角形或者其他形状。

1 玄关

初期阶段的“容器”不设独立玄关。打开玄关门，玄关空间直接和餐厅或者起居室相连。鞋柜不要固定，而是放置在地板上，将来可以移动。

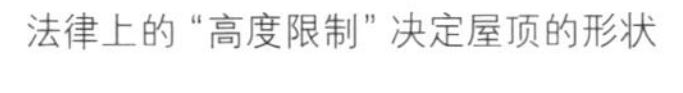

法律上的“高度限制”决定屋顶的形状

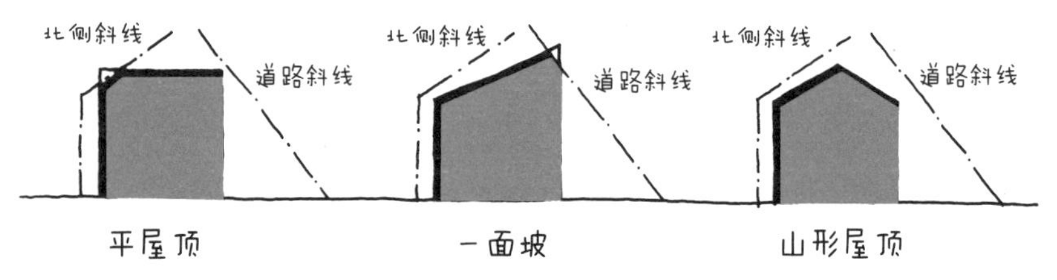

2 混凝土土间的LDK

“养成式住宅”的一大特征，就是“容器”阶段的LDK一律是混凝土地面。表面涂装也要能凸显混凝土的特色。抹水泥是种手工活儿，地面上会留有抹刀的痕迹和施工留下的小伤。混凝土中的水分挥发后，表面还会出现细小的裂痕。这些瑕疵不必刻意隐藏，采用透明涂装衬托石头般的天然表面，也不失为一种有趣的视觉效果。混凝土内埋设地暖，原则上就可以一年四季在地上舒舒服服地光脚行走了。

3 厨房和餐厅

推荐混凝土地面的开放式厨房。整体厨房以简洁的订制品为佳。用椴木芯板做成箱子，直接在上面放置水槽一体式的不锈钢台面。周围设2 cm左右高度的挡水板，可以直接放水清洗台面。在台面上切鱼或者是处理粉状食材时也不用担心不便清扫。下图中的水龙头是两个一样的龙头，一个出冷水一个出热水。看上去没有昂贵的混合水龙头好，但是用习惯之后也会非常方便。龙头上可以随

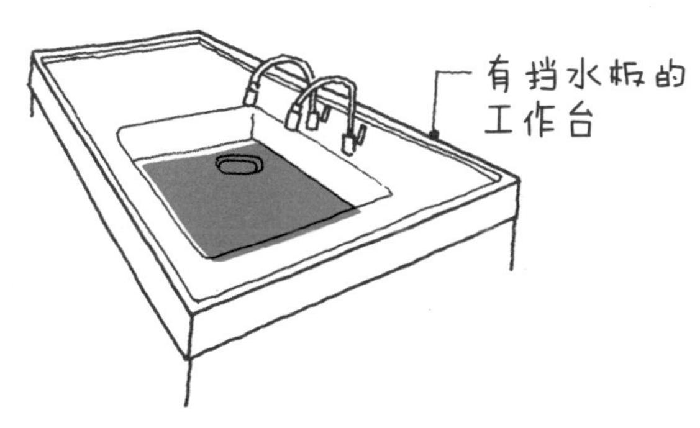

简洁实用的开放式厨房

起点

最初的“容器”形态

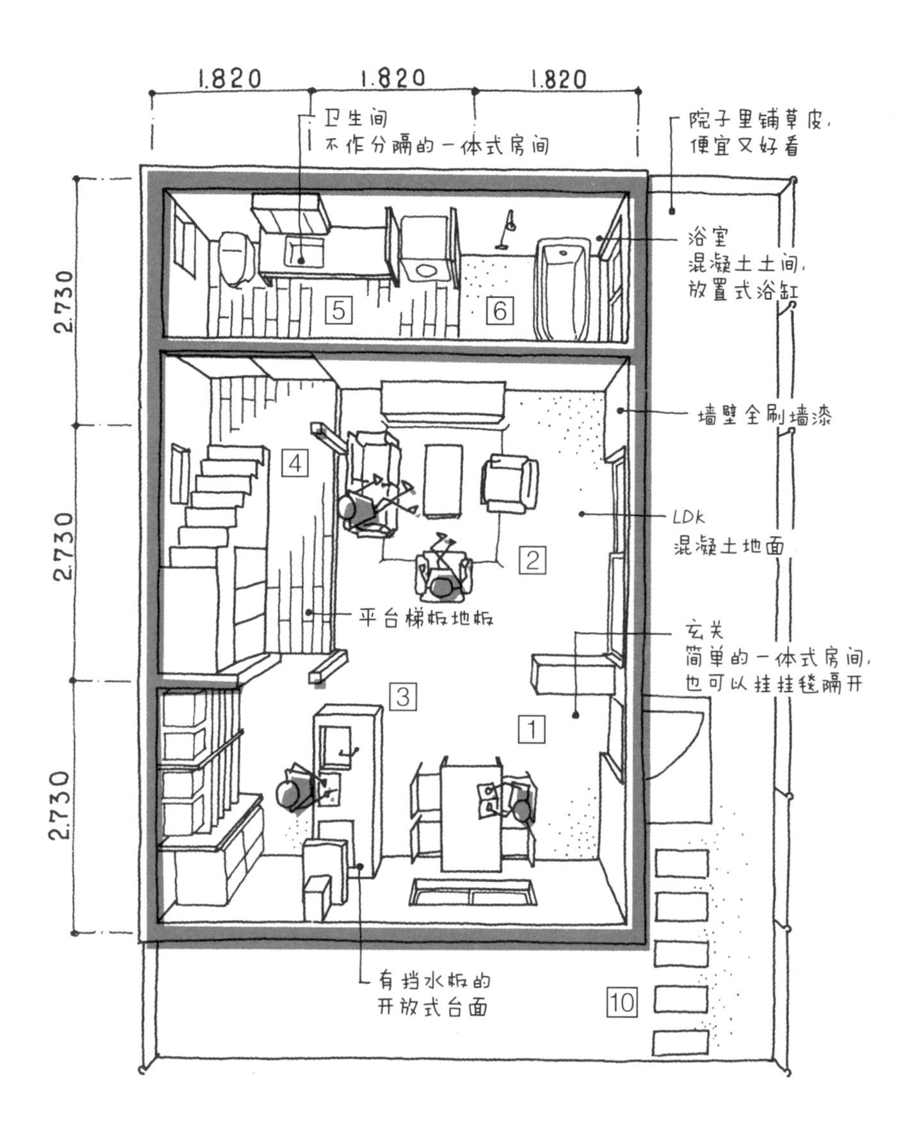
1层
1.820
1.820
1.820
2.730
2.730
2.730
卫生间
不作分隔的一体式房间
院子里铺草皮，
便宜又好看
浴室
混凝土土间，
放置式浴缸
墙壁全刷墙漆
LDK
混凝土地面
平台梯板地板
玄关
简单的一体式房间，
也可以挂挂毯隔开
有挡水板的
开放式台面
1
2
3
4
5
6
10

2层

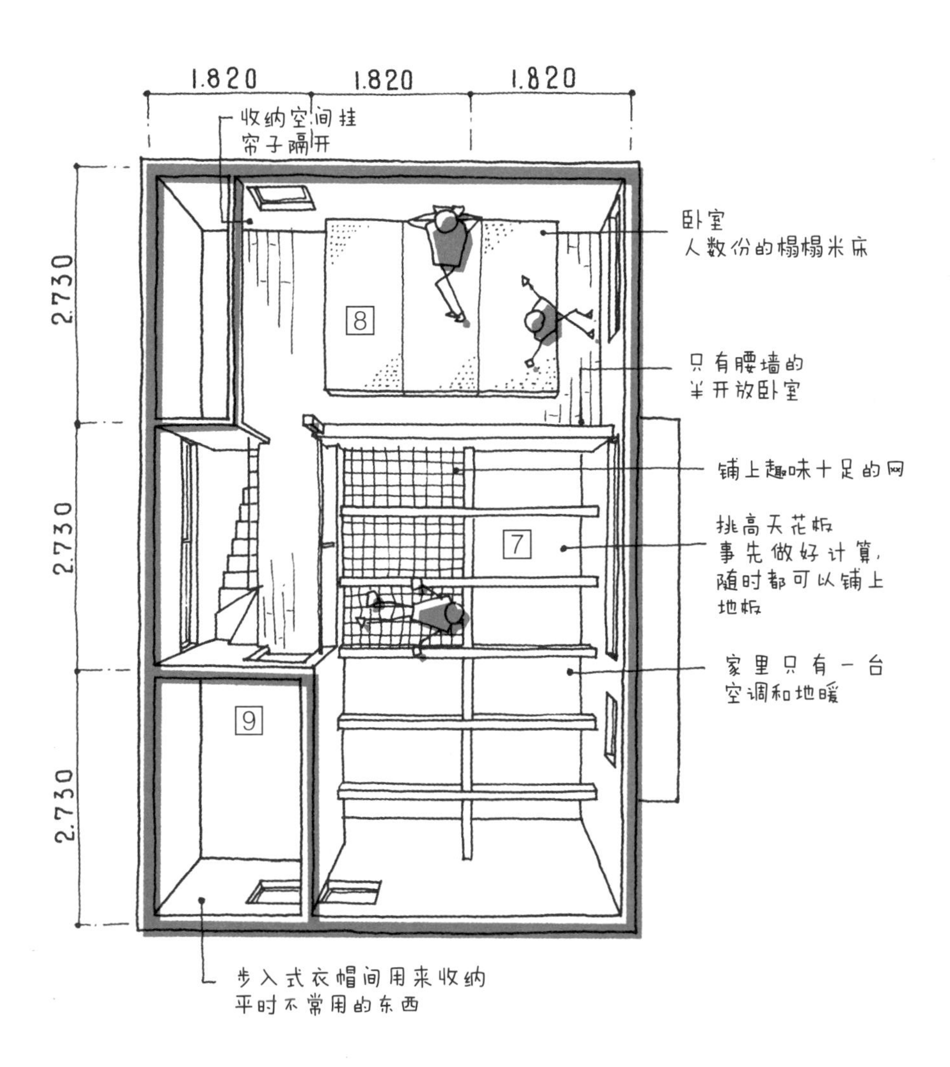
1.820
1.820
1.820
2.730
2.730
2.730
收纳空间挂
帘子隔开
卧室
人数份的榻榻米床
只有腰墙的
半开放卧室
铺上趣味十足的网
挑高天花板
事先做好计算，
随时都可以铺上
地板
家里只有一台
空调和地暖
步入式衣帽间用来收纳
平时不常用的东西
8
7
9

时接上软管和淋浴头，成本也不高。房基下面设置两处供水和排水管道，为将来室内配置的变更做好准备。

餐桌推荐使用性价比更高的集成材制品。表面做打蜡处理，方便长期使用。

4 小台面的地板和阶梯

混凝土地面上高出一块的小平台上铺纯木地板。可以使用市面上贩售的一般纯木地板，也可以试试比较厚的平台梯板（51页）。35 mm厚的纯杉木地板多少会有弯曲和变形的问题，但瑕不掩瑜，木材温暖的触感依然魅力十足。通往2楼的楼梯下面用作收纳空间，可以用来收纳吸尘器等扫除用具。

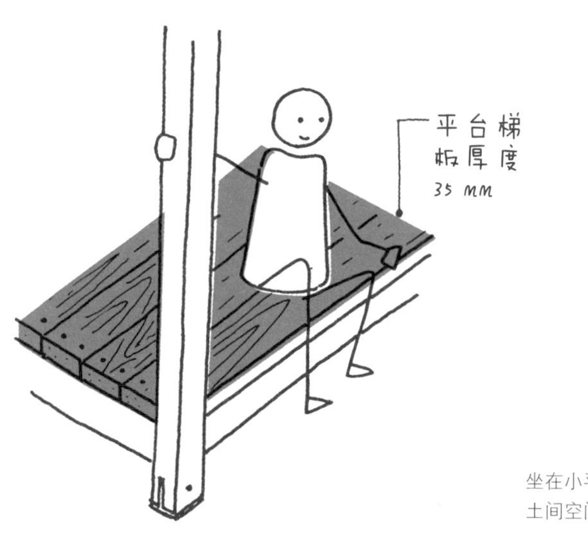

坐在小平台上
土间空间更添乐趣

5 卫生间

卫生间集合洗脸、脱衣、洗衣和厕所等功能为一体。厕所可以单独隔开，不过以后再隔也不迟。非独立卫生间并不会给当前的生活带来不便，如果家里有小孩子反而会更方便。笔者推荐采用杉木平台梯板作为卫生间地板。

6 浴室

和起居室一样，浴室也直接把构造体的混凝土当做地板。如果担心脚冷，可以铺上竹席子。或者可以和起居室一样在混凝土内埋设地暖。

浴缸选择放置式浴缸。考虑到经济性、实用性和美观性等，选用简洁的西式浴缸。

7 挑高天花板

宽敞的挑高天花板可能会在将来铺上地板，所以要进行准确的构造计算，窗户也要设置在合适的位置。为了以后的房间分割，照明和插座的问题也要认真考虑。

8 卧室

寝室内放置数张榻榻米床，数量和家庭成员人数相等。如果家庭成员为一对夫妇带着年幼的孩子，一开始要准备3张榻榻米床。3张床可以靠在一起放，也可以分开放，随机应变。榻榻米床下面是收纳空间。如果把榻榻米床当做普通床来用，把被子一直铺在床上也没关系。如果每天都要铺被子收被子的话，则需要一处铺着榻榻米的小平台。这块平台除了叠被子，还可以用来叠衣服或者熨衣服。

[9] 步入式衣柜

步入式衣柜面积为4.8 m^2左右。主要用来收纳平时不太用的东西。

[10] 外构

边界围栏的位置要根据邻家房子的位置进行调整，当前只需围起最小限度的面积。一边住一边和邻居商量，再渐渐充实围栏的面积。步道位置要铺上石块，其他地方铺草皮，便宜又好看。

④ 外装和窗口

标准外墙为砂浆喷涂弹性涂料。砂浆上涂灰泥或硅藻土等的泥瓦墙壁很好看，但也要花很多钱。其他表面平坦的墙壁材料还有窑业系壁板和耐用性好的金属壁板可供选择，但这里笔者还是提议使用物美价廉的弹性涂料喷涂涂装。

如果窗户要求有防火性能，可以采用防火的铝制窗框，配上节能性好的双层中空玻璃。我们一

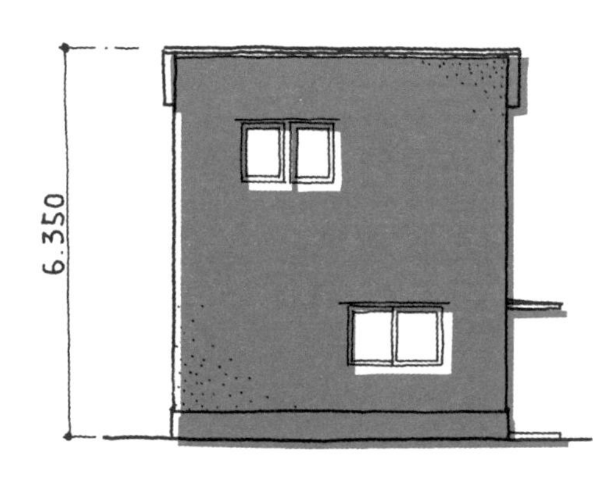

颇具魅力的简洁外观！

般还是假设玄关门也有防火限制，那就采用特别定制的钢门，涂成自己喜欢的颜色。如果没有防火限制，也可以定制木门。

⑤ 内装

贴石膏板，表面涂装。可以DIY涂装。墙基要用一种叫做寒冷纱的布和油灰来强化接缝，这一步确实比较难，可以求助于专业人士。涂装的魅力在于可以自由选择颜色，可以打造适合自己又充满魅力的独特“容器”。将来换色方便也是涂装的一大优点。

内墙也可以贴胶合板。将5.5 mm厚的胶合板贴在石膏板上面。如果有防火限制，可以不贴石膏板，直接贴胶合板。可以清漆涂装，突出木材风貌；也可以采用盖住木纹的涂装。两种涂装的质感都有着石膏板所没有的风貌。

⑥ 温热环境

[隔热]

隔热材料采用现场发泡的硬质聚氨酯泡沫。现场发泡隔热材料是指一种拿到现场直接喷涂在墙面上的隔热材料，发泡膨胀后能填满各个犄角旮旯，和构造体紧密结合，是一种不留缝隙的理想隔热材料。本着节约能源的原则，喷涂的泡沫要满足当地要求的隔热层厚度。比如东京对隔热层厚度的要求为墙壁80 mm、天花板160 mm以上。

房基部分也采用房基隔热构造。混凝土房

基外侧使用聚苯乙烯泡沫塑料AT，这种板状材料还有很好的预防白蚁的效果。灌浇混凝土时将50 mm厚的聚苯乙烯泡沫AT一起灌进去。这样一来整个房子就都包上了隔热材料。

[透气施工]

在隔热材料和外侧、外墙的内侧要留出宽18 mm左右的透气层。这样才能保证室内水汽的

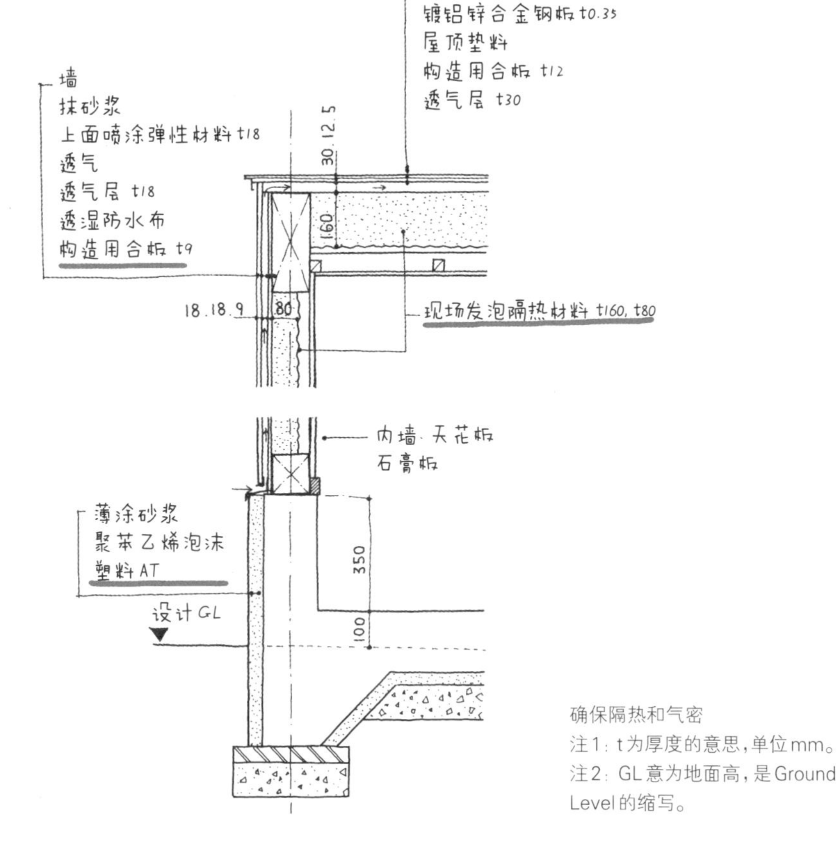

确保隔热和气密
注1：t为厚度的意思，单位mm。
注2：GL意为地面高，是Ground Level的缩写。

发散，避免室内结露等危害人们健康的现象。

[被动式设计]

要想极力减少夏季的入射阳光、改善冬季采光，可以设计一个可根据外部环境变化的小屋檐。只需多花一点功夫，收效却会很好。除了采光，窗户的另一大功能就是通风。“住宅养成”的做法是先充分了解住宅地的土地特性，然后把窗户设置在适当的位置。

还有一种技巧叫做温度差换气。正如大家所知，升温后的空气会上浮。利用空气的这一性质，在高处开一扇窗，排出升温的空气，室内就变成了负压状态，低处的窗口就能有风吹进来了。即使室外无风，室内也能有微风流淌。

混凝土土间的热容量很大。可以利用混凝土升温易降温难的性质，想办法让冬季的阳光直接照在混凝土上。这种做法叫做直接增能，混凝土在白天吸足了热量，日落后渐渐放出这些能量，家中就能保持温暖了。但同时一定要注意遮挡夏季的阳光。

[冷暖气设备]

首先，笔者建议采用埋设式地暖。电热泵蓄热式地暖非常简单使用。拿东京近郊的天气来说，设定好一天6～8小时的工作时间，可以在11月到次年3月之间使用。热泵式结构在夏日则可以制冷，非常舒适。也满足节能方面的要求。

可以安装空调配合地暖使用，但是空调台数尽量要少。“容器”的构造为2层的立体一体化空间。

每个人的体感舒适温度都有差别，但只要掌握了室内空气的流动，巧妙地设计空调的位置并配合热泵蓄热式地暖使用，一台空调就够用了。考虑到将来房间分割后可能会增加空调，插座的位置一定要事先设计好。

⑦ 设备

大量住宅设备厂家贩售的设备机器令人眼花缭乱。每一种看起来都不错，让人购买欲望大增。但是买之前一定要想清楚，自己家真的需要这些东西吗？和建筑本身的寿命相比，大部分设备机器都非常的短命。建筑本体可以使用50年，构造体可以持续100年以上，而设备机器的寿命至多只有10年以上20年以下。

蓄热式地暖和一台壁挂空调打造舒适空间

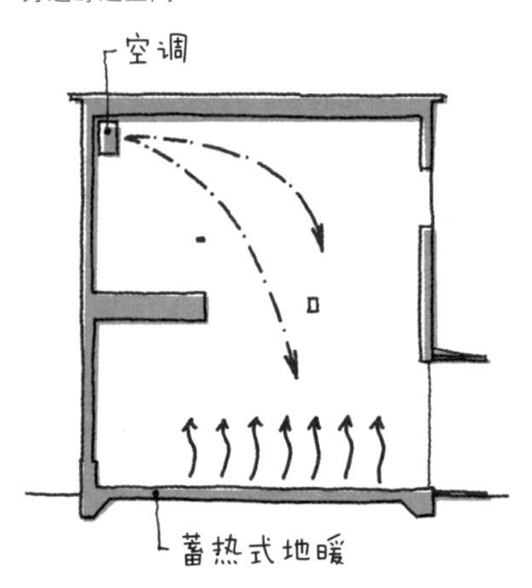

不要多余的东西

“养成式住宅”提倡尽量少用设备机器。很多商品其实并没有购买的必要。建宅之初只需要最简单的设备和灵活的应用，之后再慢慢养成。

⑧ 照明

美观的照明设计能让室内看起来更宽敞、更舒心。当然，照明设备的基本功能依然是保证必要的亮度，所以并不需要买太昂贵的照明器具。器具本身不必引人注目，重点是其中发出来的光。如果想节约能源，那就一定会用到LED灯。LED灯消耗的电能是普通灯泡的十分之一。不过，照明设计也要充分考虑墙壁颜色和光色的搭配。

光本身比照明器具更重要

浴室外面连着连廊，四周围起围墙，形成浴庭

“住宅养成”10年后

10年之后，“养成式住宅”会被“养成”什么样呢？刚刚入住建好的“容器”时所设想的“构造”，现在变成什么样子了？当时只有3岁的孩子现在应该也上初中了。肯定有了自己的房间。家庭成员说不定也增加了。和邻里之间关系怎么样？平时家里有没有客人来访？毕竟刚开始住的时候，这个家还是一个极简化的坚固“容器”，一边住一边摸索自己需求，经过10年这样的养成过程，渐渐打造适合自己的完美的家。

住宅的养成方法多种多样。在此只演示其中一种模式或许并没有太大意义。但是在10年时间里，这种“住宅养成”模式确实孕育出了多样的变化。恐怕要进行两次左右大规模修建。

关于这种变化的可能性，诸位读者可以试着想像一下。

1 玄关

“养成式住宅”的玄关不追求气派。甚至和餐厅、起居室等混凝土土间直接相连。打开玄关门，里面就是餐厅。这种结构对于年幼孩子的养育来说非常方便，也会充满乐趣。但是随着一家人的成长，对玄关的需求也可能会从开放变得稳重。此外，最开始时玄关只有一个小鞋柜，随着全家人的成长，小鞋柜也渐渐不够用了。因此，10年后的“养成式住宅”

的玄关不仅要变成独立空间，还要增加大鞋柜。

在玄关门正面、玄关和餐厅中间竖起一面木质墙，起遮挡作用。墙上和视线高度齐平的位置开出一个边长20 cm的正方形窗，窗子上可以嵌入旅行时买来的装饰玻璃。在通往起居室的方向开一扇门。移走小鞋柜，换成大鞋柜。

2 混凝土土间LDK

经过了10年风霜，混凝土土间应该已经颇具风味了。在冬季，混凝土白天吸收阳光蓄热，晚上放热让屋内环境更舒适，再加上混凝土内埋设有地暖，家里一年四季都可以舒适度过。还可以充分活用土间的优点，把鞋子、自行车等物品拿进屋来修理。正因为室内是混凝土地面，有时可以充当室外一般的功能，乐趣多多。起居室既是家人们的团坐空间，也是大家各做各事的场所。书和电脑等物品也会随着家

被喜欢的东西所环绕的起居室

1层

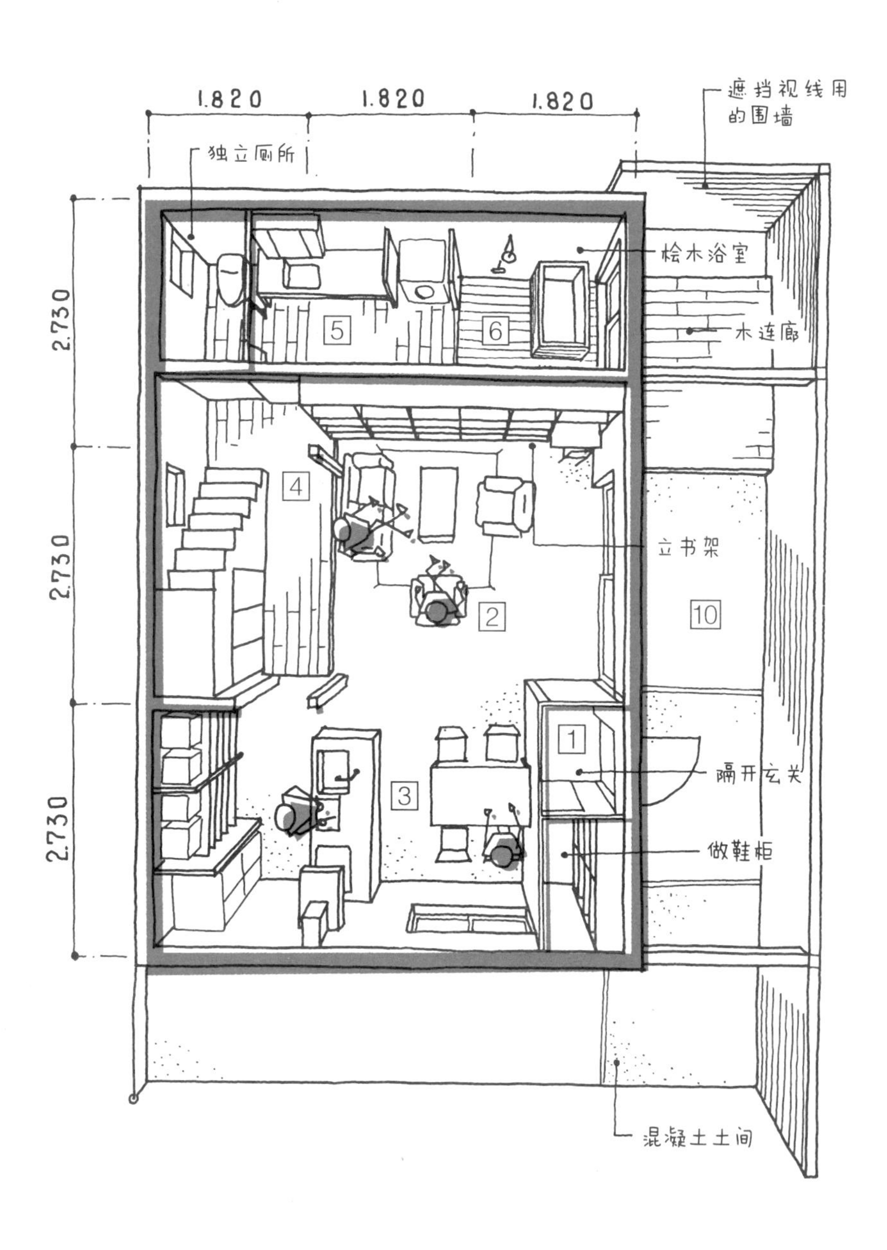
1.820
1.820
1.820
遮挡视线用的围墙
独立厕所
桧木浴室
木连廊
立书架
隔开玄关
做鞋柜
混凝土土间
2.730
2.730
2.730
1
2
3
4
5
6
10

2层

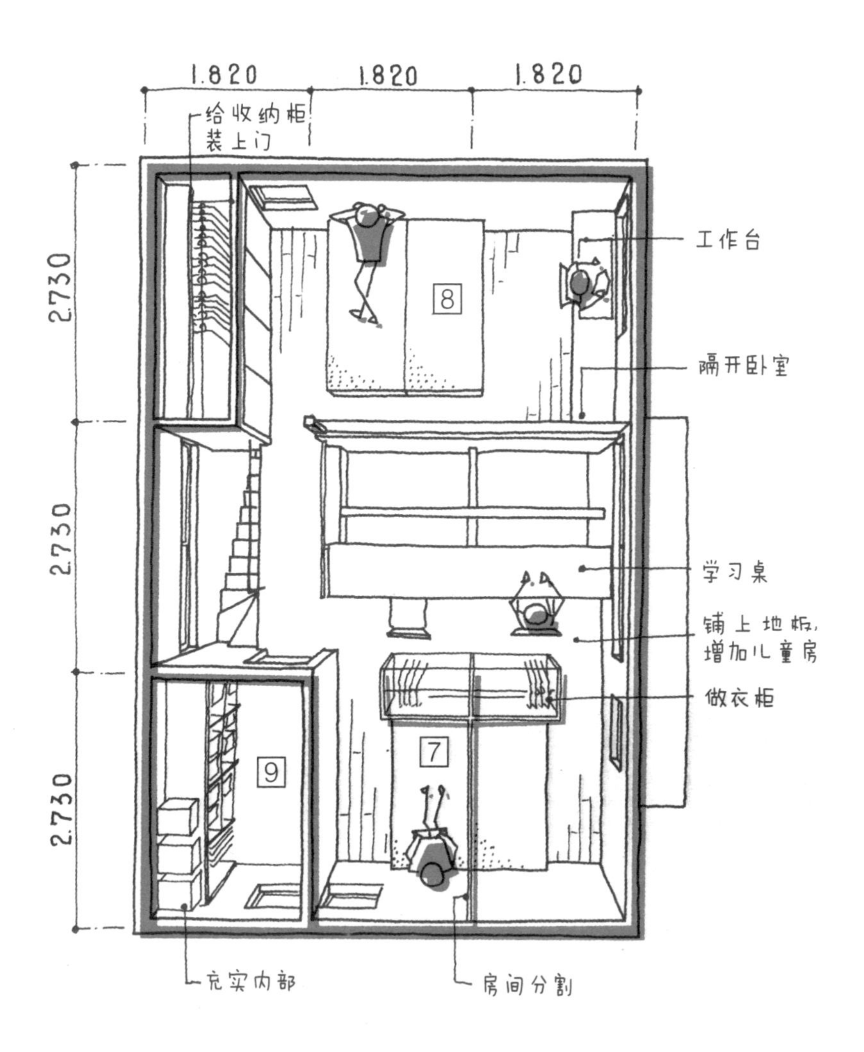
1.820
1.820
1.820
2.730
2.730
2.730
给收纳柜
装上门
工作台
隔开卧室
学习桌
铺上地板，
增加儿童房
做衣柜
充实内部
房间分割
8
7
9

人的成长而增多，纪念品和日用器具也会增加，这些都是家庭成长历史的证明，要好好装饰起来。

起居室放置一整面墙的书架。书架的部分空间可以用作电视柜或者放置音响设备。如果全放书，就可以形成一个近千册藏书的图书角。书架一角放张小书桌，方便读书或者操作电脑。

书架材质选用25～30 mm厚度的栎木或松木集成材，表面涂成喜欢的颜色。深茶色加上露出木纹的涂装，铺上复古图案的绒毯，再搭一把扶手椅，古典风格的室内装饰味道就呼之欲出。或者走北欧雅致风，保持木材本色不上色，配一把汉斯·瓦格纳椅子。也可以采用Briwax的木材护理产品搭配二手家具，打造咖啡馆风格。

3 厨房和餐厅

10年的时间里，三面可用的定做岛形厨房和一进玄关就能看到的餐桌一直陪伴着家人们的成长，可谓是家庭生活的中心。

玄关隔开、做了鞋柜之后，新增加的这面墙让餐厅变得安静多了。把充满家庭回忆的照片装进相框，就可以挂在餐厅和玄关之间的墙上。

4 小平台和楼梯

小平台的地板为平台梯板，楼梯为纯木材，过了10年，肯定已经有非常明显的使用感。这时候可以做次检查。打蜡肯定已经打过很多遍了，但可能还存在比较显眼的局部脱皮。小的伤痕倒是别具风味，大的伤痕和凹痕就要重新打磨，采用蒸汽熏等修补措施，修正色差。

5 卫生间

厕所和浴室相连的开放式卫生间实用、卫生又便利，但是随着家人们的成长，隔开厕所是早晚的事。可以单独开一扇门直接通往厕所，也可以利用原有的从卫生间进入厕所的路线，增加一扇门隔开厕所和卫生间，厕所内再放一个架子。架子下层用来放扫除用具和卫生纸库存等，有柜门遮挡。上层则是开放式，像书架一样，可以放各种物品装饰。

6 浴室

经过了10年时间，原本的浴室经过大改造变成了和风浴室。原来的西式放置浴缸被撤掉，换成了桧木制浴池，洗浴空间的地板上则全部铺满桧木席子。外面再开辟一块木质连廊和浴室相连。

美观的图书角

从纯木地板的卫生间，到浴室和屋外连成一体，形成了一处非常惬意的空间。

7 儿童房

宽敞的挑高天花板虽然能丰富家人们的日常生活，但同时也要保证将来铺上地板增加房间的可行性。新增加的房间用作儿童房。小小的儿童房可以分成双套间。儿童房该怎样设计比较好呢？

儿童房的必要功能有：睡觉用的隐私空间、有桌子的学习空间、收纳衣服和书本的场所。这其中睡觉的空间要完全隔开，其他部分可以设计得相对开放一些。如果有两个孩子，可以分成两间卧室，把刚搬进来时准备的榻榻米床移过来。两张床的放置空间一定要保证隐私性，要用墙分隔开，开一扇门作为入口。学习的场所最好和卧室在一处，可以在寝室放一张长3.5 m的柜台式桌子。桌子上面是书架，下面是收纳架。

如果是独生子女家庭，那么剩余的空间则可以用作全家人的第二起居室。这里可以作为全家人的工作空间，比一楼的起居室更宽敞舒适。挑高天花板的部分全部铺上地板，可以和主卧连接起来。总之改造的可能性有无数种。

8 卧室

卧室呈半开放式，和挑高天花板空间之间仅有一面腰墙相隔。10年时间里，卧室可能会渐渐变成不隔开的一体式大空间，像是欧洲酒店里那种复式套间一样。鉴于每家人生活方式的变化都不一样，卧室也可能会变得完全隔离，这种情况下只要将卧室和挑高天花板之间的腰墙加高到天花板高度即可。

9 二楼的衣帽间

按照适材适所的原则，收纳物品分散在房间各处。衣帽间主要用来收纳平时不常用的东西，比如被子和过季衣物等。10年来衣帽间给家庭生活带来了很多便利，但是意想不到的收纳物品也会不断增加。到时候要根据衣帽间的容量，重新调整架子和隔板的位置。

10 外构

从最开始的简单铁丝网围墙变成了高2 m的木制围墙。横板围墙的设计既能遮挡视线，又能保证通风。浴室外侧则增加木制连廊，用作傍晚纳凉的场所。

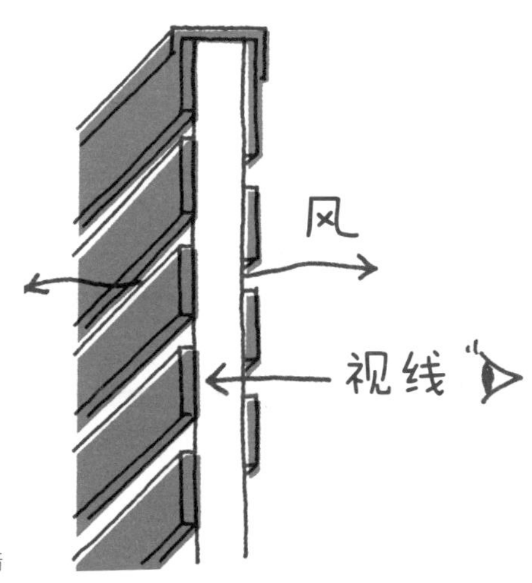

遮挡视线又能通风的木制围墙

03 “住宅养成”20年后

20年的岁月过去了。家里又会发生怎样的变化呢？住宅被“养成”了什么样子？要想象20年后的生活是非常困难的。不管怎么想象，现实的变化都不会尽如人意。所以在第1章笔者说过，想象20年后的生活并没有意义。但是在这里，我们特地来设想一下住宅养成20年后的样子。

当年3岁的孩子现在已经走入社会，离开了家。丈夫还在上班，但是也到了必须考虑退休后生活的年龄。家里的生活方式稳定下来，家人在当地结交了非常亲密的友人，也开始参加社会贡献活动。孩子已经抚育成人，妻子的自由时间变得比往常更多了。

基于这样的基本情况，来想像一下20年后的住宅养成吧。

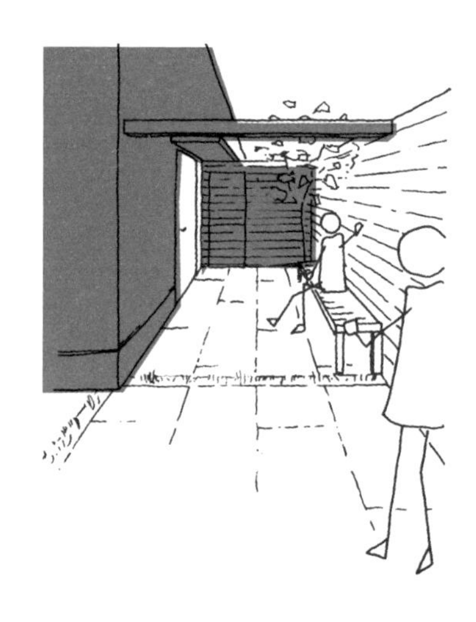

玄关前的效果

这20年来发生的最大的变化是，夫妻俩准备发展自己的兴趣爱好，开始经营烹饪教室。

1 玄关

玄关外侧增加门廊，和庭院之间隔起一堵墙，墙上开一扇矮门。这里就是公共空间和私人空间的分界线。

2 混凝土土间LDK

起居室里放置烟囱炉。一台小小的烧柴炉就能给家中带来温暖和舒适。起居室也就能成为寒冬中家人们聚集的绝佳场所。可以在炉子上架一口锅，开家庭派对的时候用。

3 厨房和餐厅

为了开烹饪教室，对底部齐腰的厨房窗进行改造。敲掉窗户下面的腰墙，做成一扇大的落地窗，兼用做进出厨房的入口。厨房则由原来的岛形厨

直接和屋外相连的厨房改造

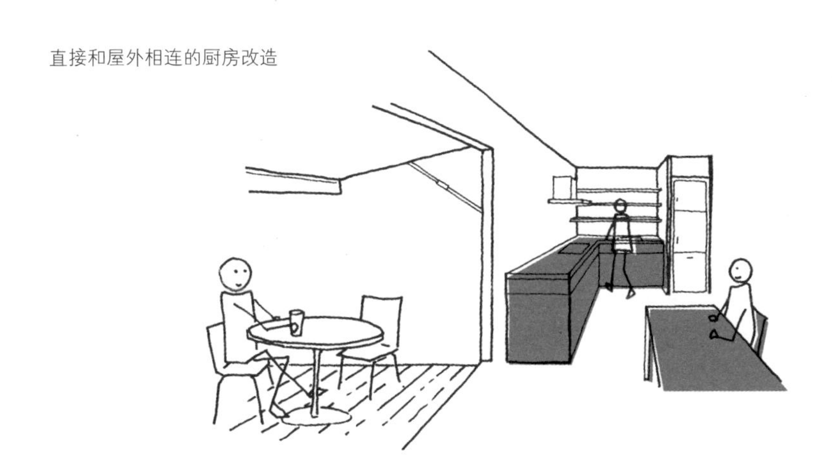

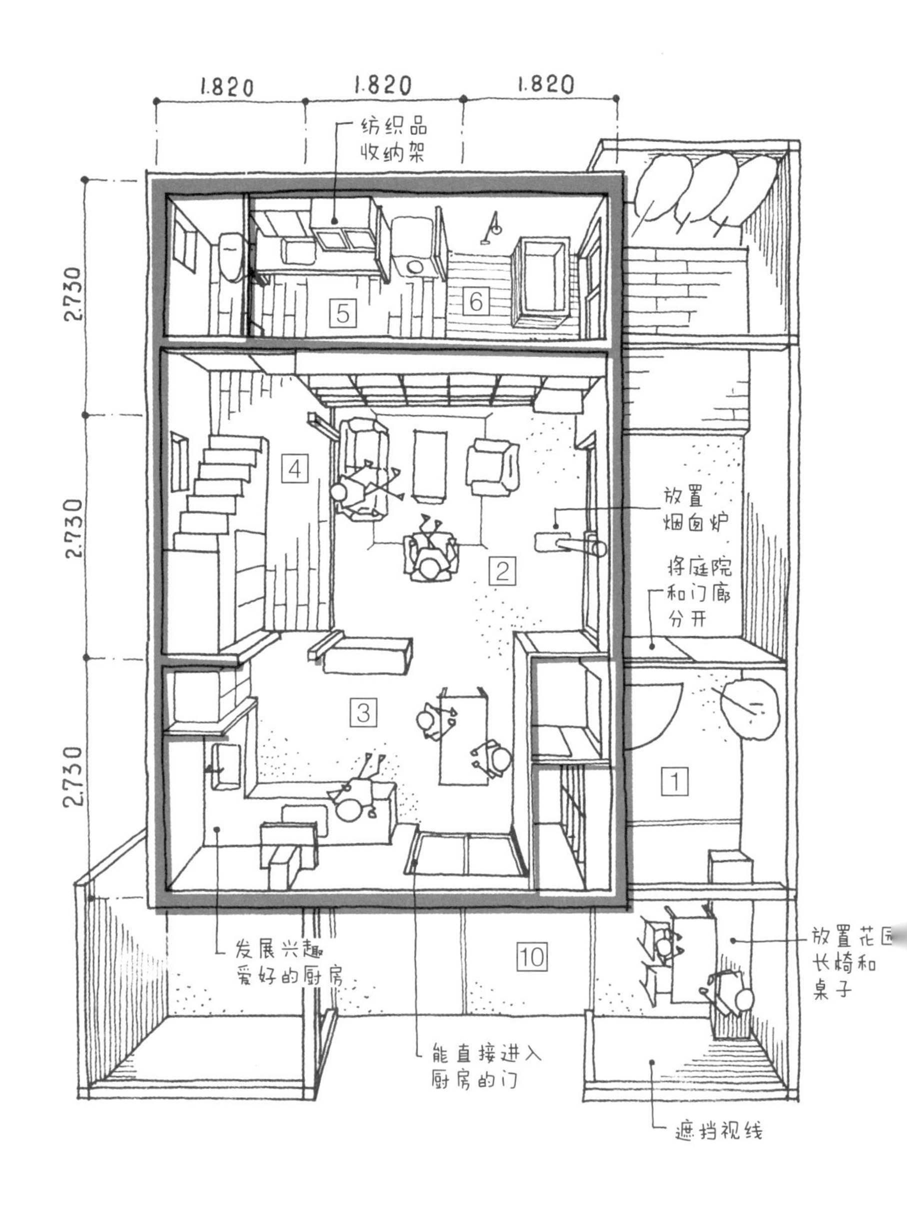
1层
1.820
1.820
1.820
2.730
2.730
2.730
纺织品
收纳架
5
6
4
2
3
1
10
放置
烟囱炉
将庭院
和门廊
分开
发展兴趣
爱好的厨房
能直接进入
厨房的门
放置花园
长椅和
桌子
遮挡视线

2层

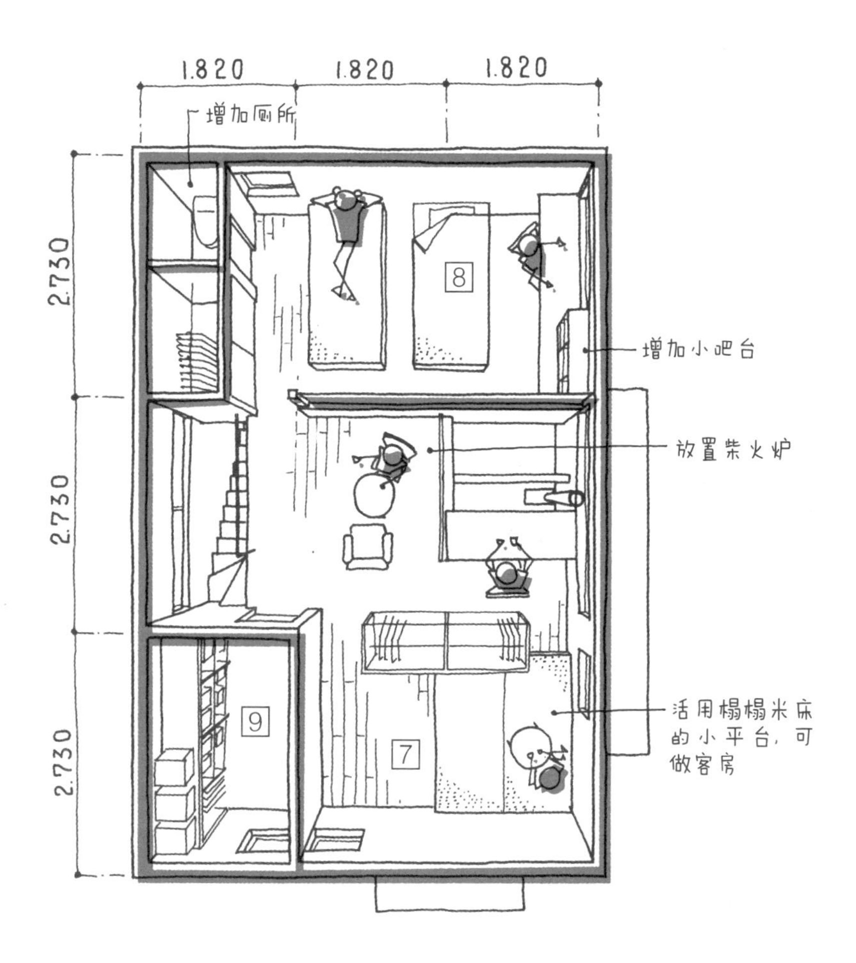
1.820
1.820
1.820
2.730
2.730
2.730
增加厕所
8
增加小吧台
放置柴火炉
9
7
活用榻榻米床的小平台，可做客房

房变成靠墙的L形厨房。增设烹饪台。起居室那边增加一张桌子，大家可以在桌前品尝出锅的菜品。还可以用做阳台餐厅，天气好的时候到屋外来吃饭。其他用途还有邻居们聚会闲聊的场所和遛狗休息的场所等。

4 小平台的地板和楼梯

和10年前的时候一样，20年后的平台梯板和纯木地板的使用感进一步加深，也需要进一步检查脱皮、伤痕和凹痕，进行局部打磨、熏蒸气、修补和调整色差。

5 卫生间

首先要加强卫生间在洗浴前后的更衣功能。洗脸池上方增加衣物架，用来放内衣和其他纺织品。下方放置洗衣篮，用来收纳换洗衣物。

6 浴室

10年前改建的和风浴室依然健在，但是地上的席子已经相当破旧，可以换新的了。另一方面，淋浴水龙头和设备管线也开始出现问题，使用寿命应该快到了，最好和设备机器一起进行检查。

7 儿童房

第3章（104页）已经说过，孩子长大成人离开家后，孩子的房间可以进行多种多样的再利用。改造成客用房间怎么样？把过去的榻榻米床作为小平台，剩余的空间摆一把扶手椅，一间够客人留宿用的客室就完成了。

8 卧室

可以试着重现年轻时候在国外酒店房间里见过的小吧台。小吧台增设在窗边，吧台上方的一部分是带玻璃门的柜子。这一改造可以让睡前时光充满更多乐趣。

还可以准备在卧室增加一间厕所。这项改造来日方长，现时间点仅作讨论即可。二楼厕所位于一楼厕所的正上方，因此只需延长一楼的供水排水设备，简单方便。

将孩子的房间改造为客室

9 二楼的衣帽间

不必再次改良。只要根据生活需要继续充实空间即可。

10 外构

在道路边界线上立起柱子，通过横梁和建筑本体相连。做成类似藤架的结构也不错。为了遮挡来自道路一侧的视线，边界线的一部分用木质围栏围起来，也可以挂苇帘子。玄关对面的门廊一角改造成室外起居室。天气好的时候，在这里举行烹饪教室的试吃会再好不过。住宅和街道的关系也在长久的居住岁月中更加清晰起来。最理想的外部结构，应该是适度开放，同时又适度封闭的。

终章

「住宅养成」的再思考

——代后记

一边居住一边再思考的未完成住宅形态

传统的住宅建造中，完工是一件让人感到很寂寞的事情。施工差不多要持续1年，期间所有人都忙忙碌碌。设计阶段要频繁进行和建筑师的反复商谈、家庭内的反复商谈。我常常听说，很多夫妻在这个过程中认识到了彼此不一样的一面。边吃饭边和设计师商谈也是乐事一件。施工开始后，住户则要一次次跑施工现场。奠基仪式之后开始动工。建筑的骨架完成后举行上梁仪式，和现场的木工们也熟络起来。接下来确认插座的位置，决定各个部位的颜色等等。传统的住宅建造到完工那一刻为止。也就是说，对于施工方开说，将住宅一口气完成并交付住户，就算完成这项工作了。之后除了通知好消息外几乎不联络，只有第1年和第2年会进行一下定期检查。不知怎么的突然感觉有点

寂寞。

“住宅养成”的做法则不一样。

新家的生活从最简化的“容器”开始。这个“容器”的建造基于对周边环境的充分理解和住户对将来的充分思考，但不深究细节，而是故意保持“未完成”的状态。特地为将来留出未完成的部分，日后慢慢养成。住宅养成的目标，是一点一滴朝着完成状态接近，是一辈子的事情。

从“容器”开始渐渐养育“构造”。

家本来就不该以完成为目的。享受和坚持住宅建造的乐趣，才是理想的家该有的样子。

对于住宅建造来说，什么样的状态才算是完成？住在房子里的人一刻不停地在发生变化，房子本身也应该能容纳人的变化。这样一想，未完成或许才是住宅应有的自然状态。理想的住宅建造不应以完成为目的，而是要不断进行再思考，让家里一点点变得更舒适，并充分享受这个过程。

02 住宅建造的伙伴

如果身边有经验丰富的建筑师或者装修公司可以依靠，作为住户一定更加安心。这些伙伴的角色就像主治医师一样。大量的书籍和网上的信息也都是住宅养成的重要帮手。住宅建造初期的“学习”过程，入住后也要坚持下去。

还有一类住宅建造的好伙伴，那就是和我们在住宅建造和生活方面有着同样想法、同样价值观的伙伴们。

“我现在正愁这么件事。”“我想把家里这样改造一下，你有什么好主意吗？”如果有可以商量这些问题的伙伴，那真是再好不过。尽管对方不是专业人士，但正因如此才可能给出专业人员想不到的

能够商量入住后各种问题的伙伴真可靠。这是一种第三人称的关系。

现实意见，并通过自身经验找出问题的原因。长此以往，相信各位读者将来也可以变成给别人提建议的那一方。

有着类似想法、看重类似事物的伙伴，归根结底是一种类似“住宅养成SNS”的团体。要想轻松愉快地讨论住宅养成中遇到的问题，的确需要一个特定场所。

传统的住宅建造通常是一种第二人称的关系，而且是一种非常细腻的关系。即“住户与建筑师”。这种关系不见得一定是一件好事，第三人的客观观点有时至关重要。此外，没有专业人士参与、仅限住户之间的意见交流也有重要意义。

03 本书的思考

“当今社会形势瞬息万变。”住宅建造环境的变化也如此天翻地覆，以至于我不得不用开头这句话来形容。经济高度成长期以来，社会背景不断变化，住宅建造的实际操作却几乎没发生太大改变。

30多年前我还是一名正在学习建筑的学生。那时我在电视节目里看到一档名为“住宅建造要靠谁?”的特辑节目，节目里给出的答案为：① 房产建造商 ② 装修公司 ③ 房地产商。当时的我以成为一名建筑师为目标，可电视节目里却连“住宅建造靠建筑师”这个选项都没有。当然，那时候已经涌现出很多优秀的建筑师，他们留下很多名留青史的住宅设计作品。我憧憬着这些名家前辈。但那时建筑师的存在却没有进入一般公众的视野，他们更没有要和垄断住房建造的建造商和装修公司对抗。当时的建筑师们只为一小部分特殊住户设计住宅。

那之后已经过去多年，住宅相关的行业也大有改观。泡沫经济破裂，几次大地震来袭，资格认证的漏洞、伪造和审查不备的问题也被曝光出来，随之出现投诉问题和对技术的过度信任问题。我们接受了社会环境中天翻地覆的变化：终身雇佣制度终止，日本率先进入少子高龄化社会，经济停滞，迎来了超低增长期。

经济高度成长期时，大家都认为买房是理所当然的。距今40多年前，工资成倍增长，企业终身雇佣，很多男人把买房当成一辈子的任务。正是在这个时期，以住宅金融公库（现在的住宅金融支援机构）为首的金融机关开始广泛推广住房贷款。这是当时的国策。无数装修公司如雨后春笋般诞生、兴盛，新的房产建造商也一个接一个出现。

而现在的社会环境和过去完全不同。现代社会的发展方向尚不明了，但是大家都知道，现代社会走上的显然是和过去不同的方向。其他事物都在朝相反的方向发展，住宅建造却还是以套装化为主，客户定制依然罕见，长期高额贷款买房竟然还是社会的主流。在终身雇佣制度已经取消的当下，长期高额住房贷款简直就是为房卖命。

恐怕大家都已经发现有哪里不对劲了吧。

所谓的定制住宅，也还是以供应方为主体，说到底不过是商业模式中一种贴着“家”的标签的商品罢了。而委托建筑师建造的住宅工序庞大，从结果来看，却不一定能得到住户和社会的合理评价。

我认为，今后的“家”的含义，应该是一种“以住户为主体的住宅建造”。换种说法，就是指住宅和住宅建造方这两者之间的分割。为此有必要先对住宅本身进行一次分解。这样一来，住户该做什么、建筑方该做什么等问题就会拨开云雾见天日了。住宅建造的过程不是经济，而是一种文化。我们只有重新正视住宅建造的文化价值，才有可能修正当今的住宅建造趋势。

本书的价值观是住宅的“养成”。是一种“住宅不是买来的商品，不是造成的物件，而是需要养成的家”的思路。一开始的住宅形态类似骨架，本书称之为“容器”。住房的交接最好在“容器”阶段完成，之后由住户自己一边居住一边慢慢“养成”。

养成的重点在于保持未完成的状态。因为并未完成，才有着宽广的可能性，才可以一次又一次进行改造。这就是本书所说的“再思考”。这种思考方式才是“住宅养成的真正方法”。

建筑师的职责

住进未完成状态的房子，听上去多少让人觉得有压力。但是这也会成为走上“养成”之路的动力。购买和入住套装住宅也许来得更轻松，但这并不能给人真正的满足，只会带来一种从放弃思考的行为中诞生出来的幻想。

建筑师们今后的职责，不是建造一件独具特色的自己的作品，而是建造一种名为住宅、容纳人生的“容器”，并创造环境和条件，帮助住户掌握自己动手养成住宅的知识。建筑师应该努力成为连接“容器”与“构造”、“住户”与“建造方”，以及“住户”和“住户”之间的桥梁。

只要选择了“住宅养成”这条路，住宅建造就永远不会迎来完成状态。既然住宅养成是一种“文化”，文化的发展当然就不会有终点。

随着时间流逝一点点养成的家，和家人共同成长起来的家，为这样的家打好基础，才是建筑师的真正职责吧。

佐佐木善树

本书案例的地区假设为商业地区或狭小地区，“容器”的设计本来有3层，但是为了让读者能更好地理解“住宅养成”的思路，便以2层为例进行了讲解。

【Thought-Factory】

Thought-Factory是佐佐木善树建筑研究室主持的“讨论场所”，是一个激发创意并付诸实践的平台。要想自由阅览佐佐木善树精选的1 000册住宅建造图书，还烦请移步“台东区工作室”。

【舍乐人协会】

“舍乐人”是指和佐佐木善树一起建造住宅的人。意思是以建造住宅（舍）为乐的人。

“舍乐人协会”是由舍乐人为主体、舍乐人运营的。目标是“让日常生活更快乐”。

这些都是可以促进和支持住宅养成的环境。

资料

标准型「养成式住宅」

（设计图集）

这里展示的标准型是指最初建造的“容器”形态。剔除多余的部分，只展示用来一边居住一边慢慢养成的“容器”。在这个标准型的基础之上，加入预备条件和住户自己的想法，可以衍生出多种多样的设计方案。

设计图列表

※第4章中列出的建筑费约84万元、设计费约11.4万元、监督管理费约2.4万元等数字，是日本标准型“容器”建造当时的估算费用（根据物价变化可能有变动）。

建筑概要

建筑名称	____________________邸新建施工	性能	
建筑主	姓名	构造	2级以上
	住所	隔热	改正省能源法4级
建筑场所	地名路号		
	住宅表示		
用途	■专用住宅（一户・两户・其他） □并用住宅 □准住宅		
施工类型	■新建 □增建		
用途地域	■第 种低层住宅专用地 □第 种中高层住宅专用地 □第一种住宅地 □准住宅		
	□邻近商业区 □商业区 □准工业区 □工业区 □无指定		
防火	□防火地区 ■准防火地区 □其他 □22条、23条		
地区・地域	□高度地区（第 种） □风景地区（第 种） □其他（ ）		
宅基地面积	97.75 m^2		
道路	类别 ■公路 □私路 实际宽度4.0 m（认定宽度 m）		
	路号 第 号 42条 项 号		

构造	□原有构造 ■金属构造（ ） □钢筋 □钢筋混凝土				
建筑面积率	60% （缓和面积率______%）= 指定面积率60%				
容积率	200%（计入前方道路的容积率 160%）= 指定容积率 160%				
面积	建筑面积 44.72 m^2				面积率 45.75%
	法定总面积 69.56 m^2				容积率 71.16%
		各层地板面积	各层总面积	各层容积率相对面积	备注
	阁楼	________m^2	________m^2	________m^2	
	三层	________m^2	________m^2	________m^2	
	二层	24.84 m^2	________m^2	24.84 m^2	
	一层	44.72 m^2	________m^2	44.72 m^2	
	地下室	________m^2	________m^2	________m^2	
	合计	69.56 m^2	________m^2	69.56 m^2	

设备	■供水排水设备 ■燃气热水器供热水设施 ■定制厨房（木工施工，现场涂装）
	■土间部分埋设蓄热式地暖设备 ■挑高天花板上一台空调（其他途径施工）
	■电灯、插座设备一套 ■一般弱电设备一套
其他途径施工	■全部外构施工

01

外部加工			
房顶	屋顶材	镀铝锌合金钢板t0.35	1/10
	基材	透气隔离材料+透气椽+构造用合板t12+屋顶垫料	
外墙	加工	喷涂弹性彩色水泥涂料 t3	
	基材	构造用合板t9+特卫强无纺布+透气坯体t18+金属网灰泥 ll t15	
封檐板、人形板	铁杉 t20、镀铝锌合金钢板 t0.35 卷		
飞檐	双层弹性板		
房基	隔热材料(聚苯乙烯泡沫塑料 AT)t50、上面薄涂灰浆 t3		
房檐、引水槽等五金	镀铝锌合金钢板 t035		
窗口	铝制窗框、侧面宽度 80、半外置(玻璃:有网玻璃 6.8+A+E3.4.5 高隔热型)		
玄关门	钢制	带纱门(黑色萨冉树脂网)	

内部加工																				
	部位	地板					护墙板		墙								天花板			
	加工	混凝土土间、抹刀抹平	杉木平台梯板 t35	纯木地板 t15	FRP防水、底下垫沙		胶合板 h30、t55	混凝土	寒冷纱涂油灰	寒冷纱涂油灰	厨房面板 t3	胶合板 t55	抹灰泥 t20				寒冷纱涂油灰	寒冷纱涂油灰	寒冷纱涂油灰	胶合板 t55
	涂装							BT	EP	NA			DP				EP	NA	NA	
	基材								PB1								PB1		FB	
2F	卧室			○			○		○								○			
	衣柜			○			○		○								○			
	走廊	○																		
1F	玄关、LDK	○						○	○								○			
	走廊、楼梯		○				○		○								○			
	收纳		○				○		○								○			
	卫生间		○				○			○								○		
	浴室	○						○					○						○	

涂装记号				基材记号				
EP	合成树脂乳胶涂料	DP	弹性涂料		PB1	石膏板 t12.5	FB	柔性板 t6
NA	亚克力树脂非水分散型涂料	BT	防尘纤维板		PB2	石膏板 t15		

备注	
备注	■ 本设计图是以本书提倡的“住宅养成”为主旨设计的一种基本方案。目的是在讨论尺寸、面积和式样的基础上,建造出高品质低成本的住宅。但在实际应用过程中,要根据宅基地条件和住户的想法进行调整。

平面图

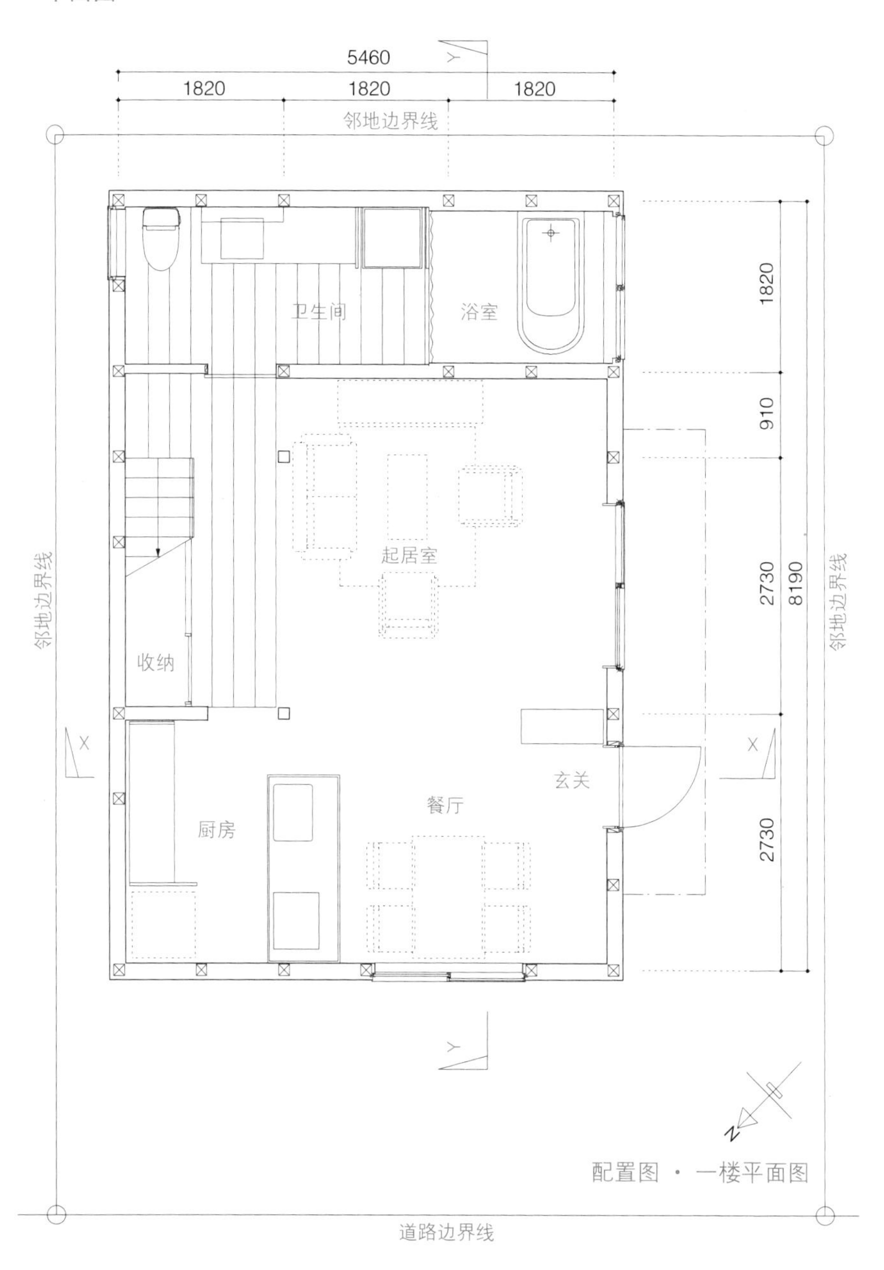

配置图 · 一楼平面图

02

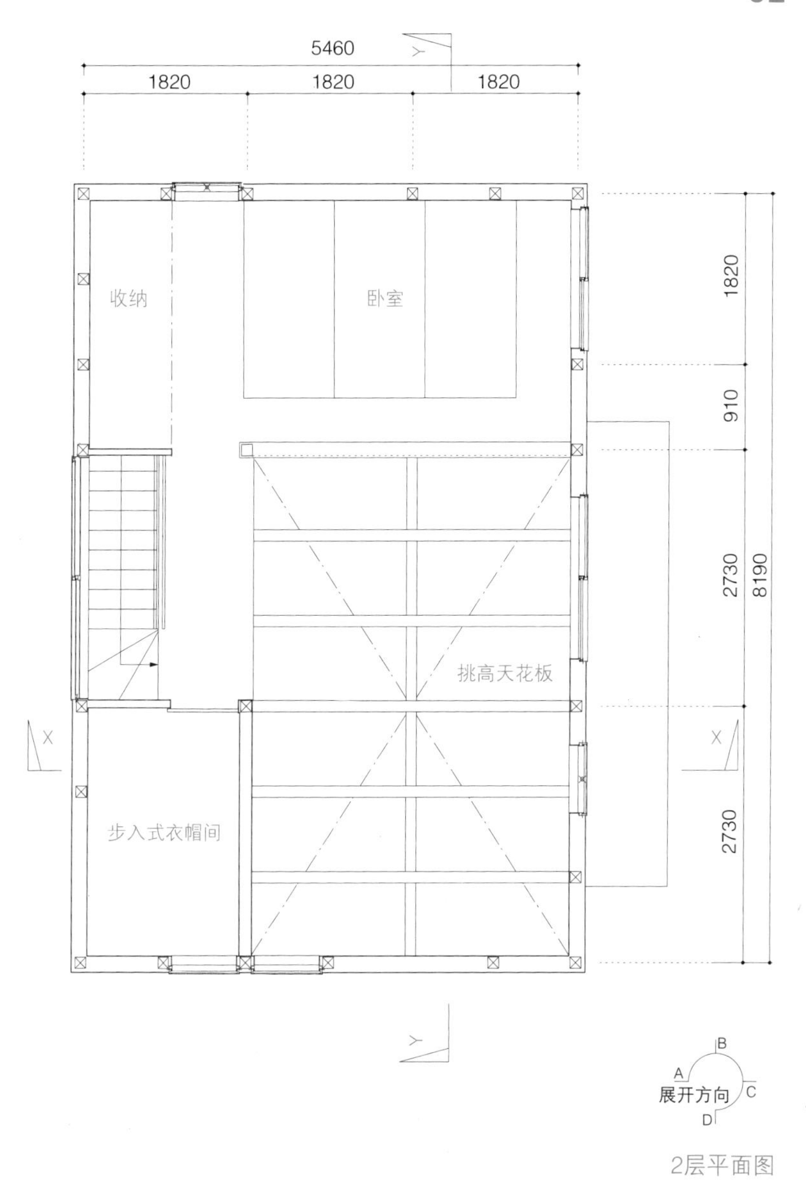

2层平面图

佐佐木善树建筑研究室

剖面图

03

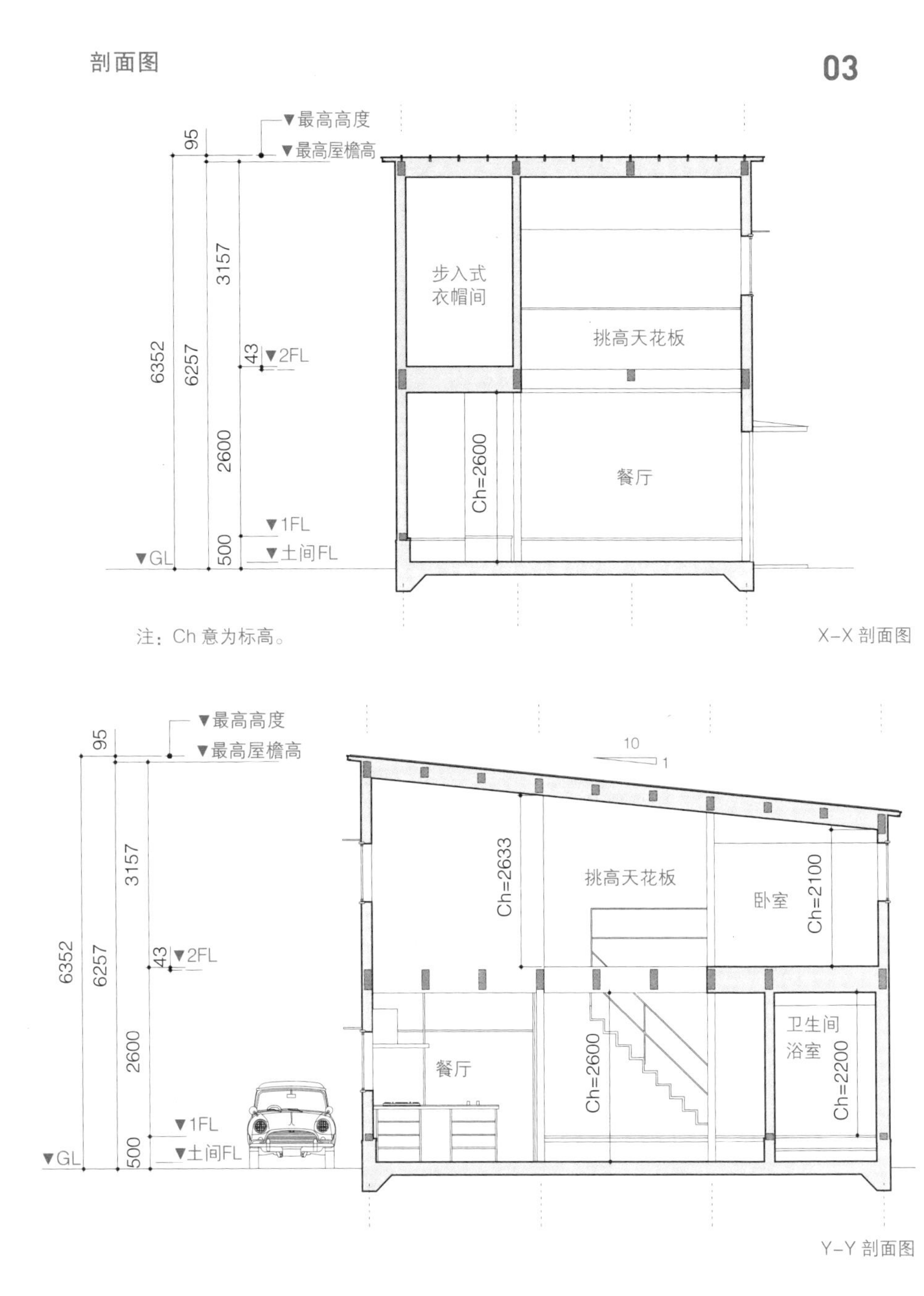

注：Ch 意为标高。

X–X 剖面图

Y–Y 剖面图

立面图

04

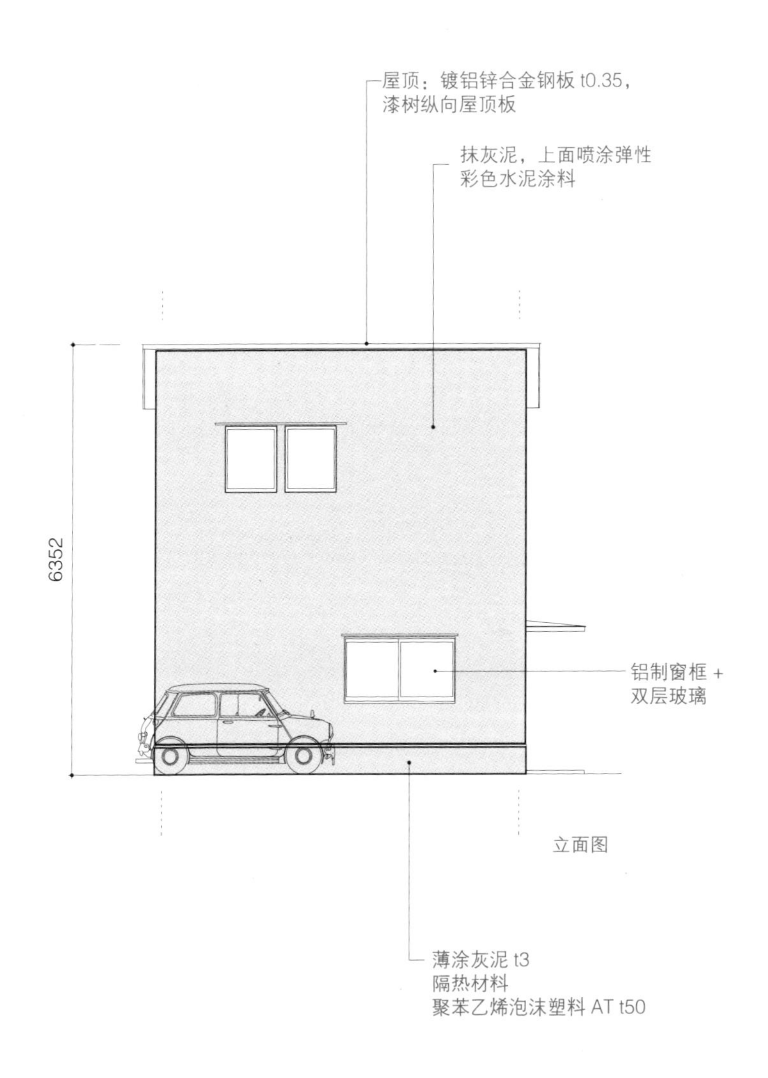

佐佐木善树建筑研究室

展开图

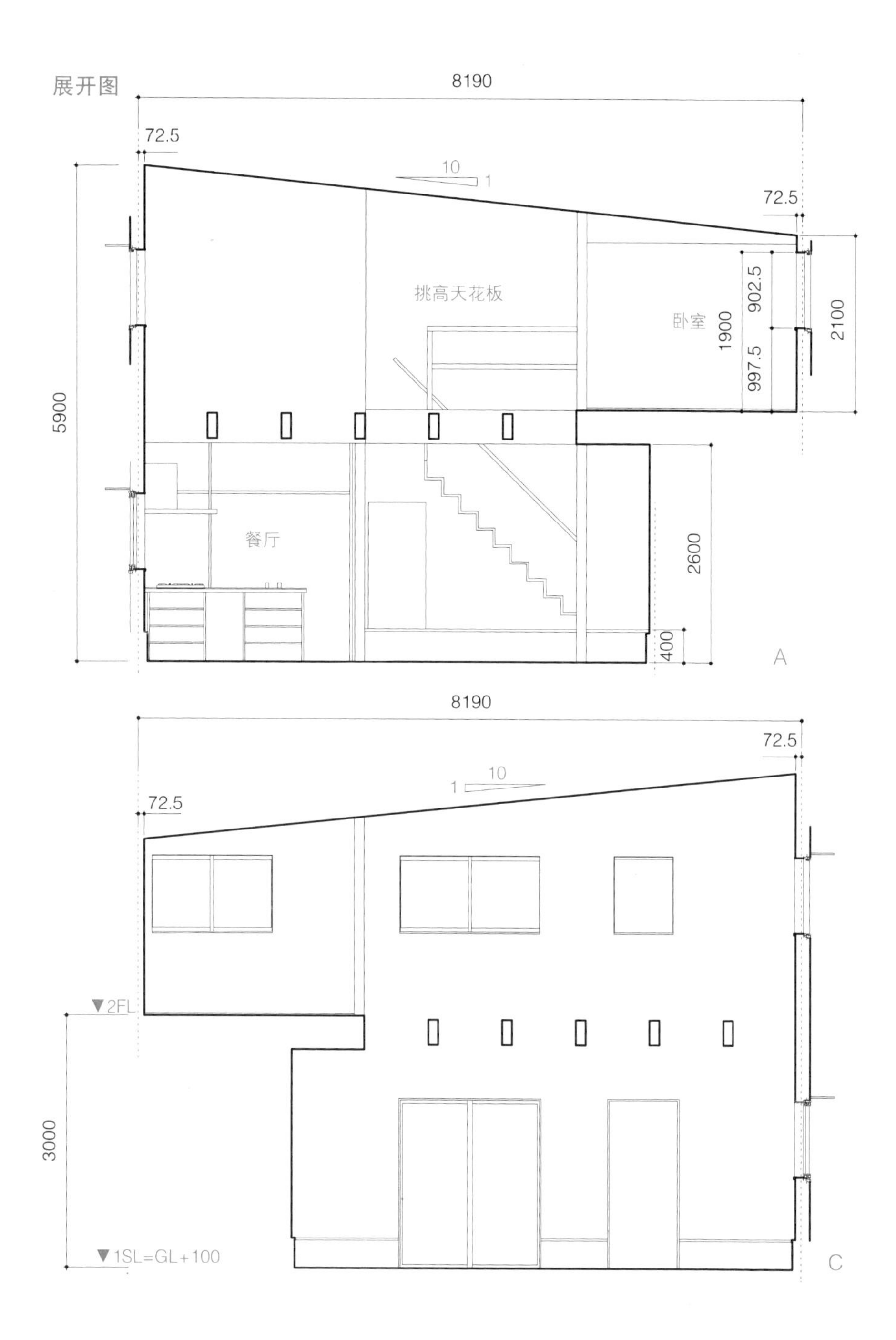

8190
72.5
10
1
72.5
挑高天花板
卧室
902.5
1900
997.5
2100
5900
餐厅
2600
400
A
8190
72.5
1
10
72.5
▼2FL
3000
▼1SL=GL+100
C

05

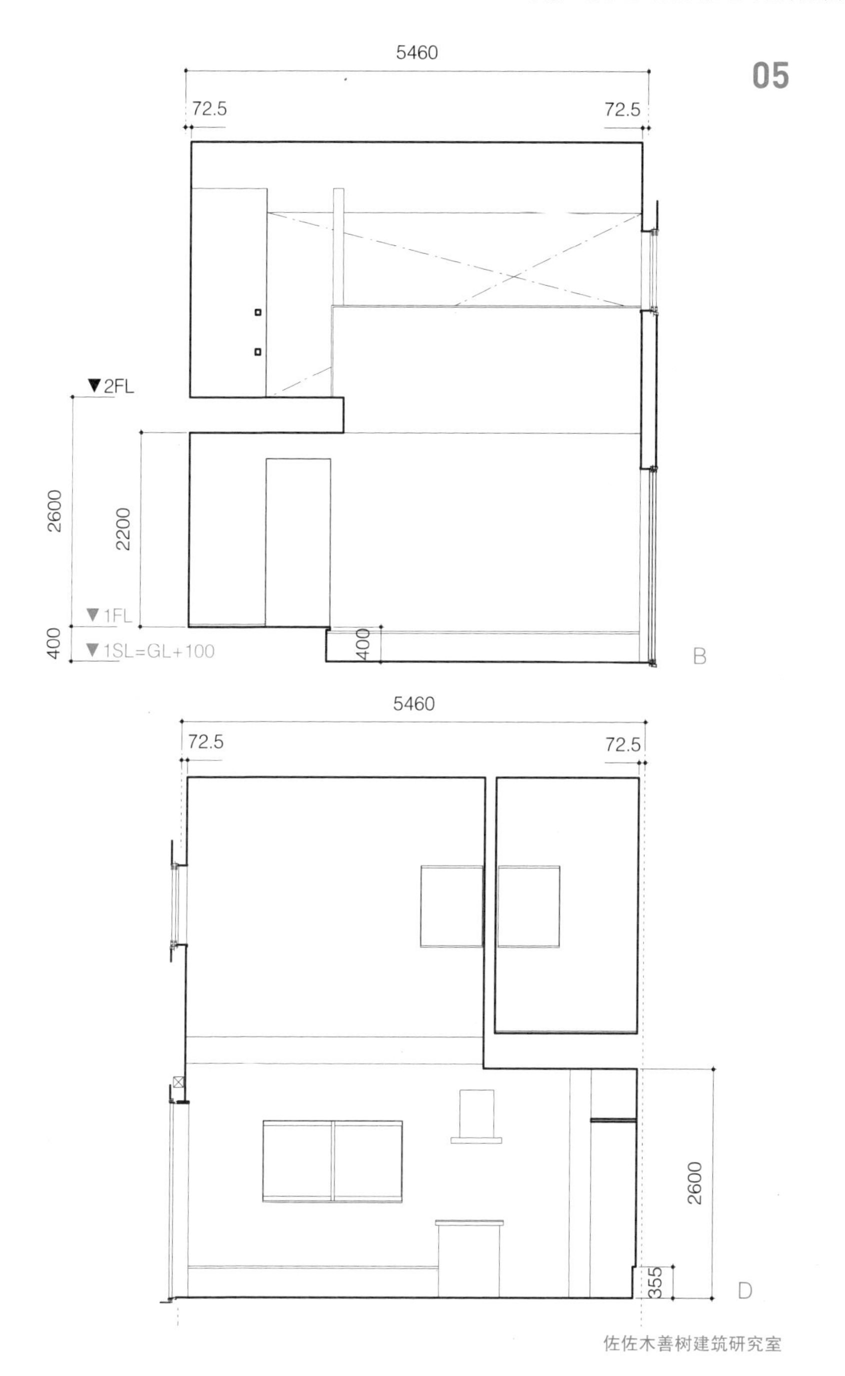

佐佐木善树建筑研究室

剖面详细图

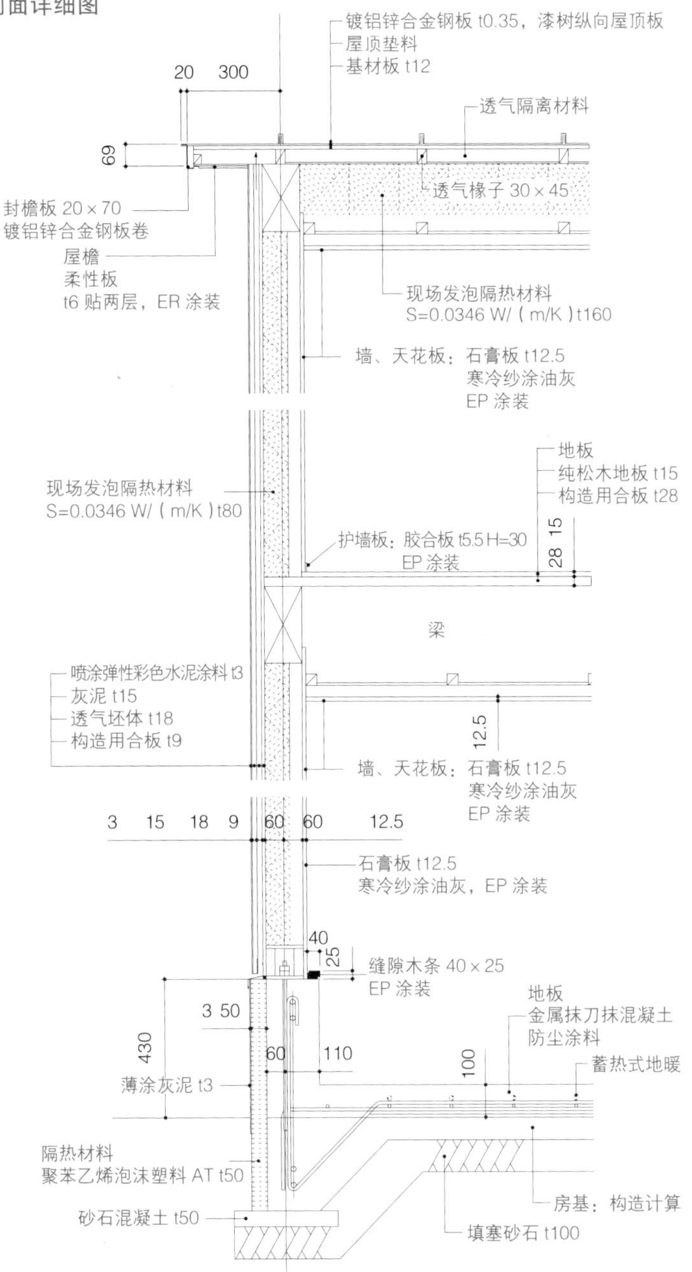

镀铝锌合金钢板 t0.35，漆树纵向屋顶板
屋顶垫料
基材板 t12
20 300
透气隔离材料
69
透气椽子 30×45
封檐板 20×70
镀铝锌合金钢板卷
屋檐
柔性板
t6 贴两层，ER 涂装
现场发泡隔热材料
S=0.0346 W/（m/K）t160
墙、天花板：石膏板 t12.5
寒冷纱涂油灰
EP 涂装
地板
纯松木地板 t15
构造用合板 t28
现场发泡隔热材料
S=0.0346 W/（m/K）t80
护墙板：胶合板 t5.5 H=30
EP 涂装
28 15
梁
喷涂弹性彩色水泥涂料 t3
灰泥 t15
透气坯体 t18
构造用合板 t9
12.5
墙、天花板：石膏板 t12.5
寒冷纱涂油灰
EP 涂装
3 15 18 9 60 60 12.5
石膏板 t12.5
寒冷纱涂油灰，EP 涂装
40
25
缝隙木条 40×25
EP 涂装
3 50
430
地板
金属抹刀抹混凝土
防尘涂料
60 110
100
蓄热式地暖
薄涂灰泥 t3
隔热材料
聚苯乙烯泡沫塑料 AT t50
房基：构造计算
砂石混凝土 t50
填塞砂石 t100

开放式厨房详细图

07

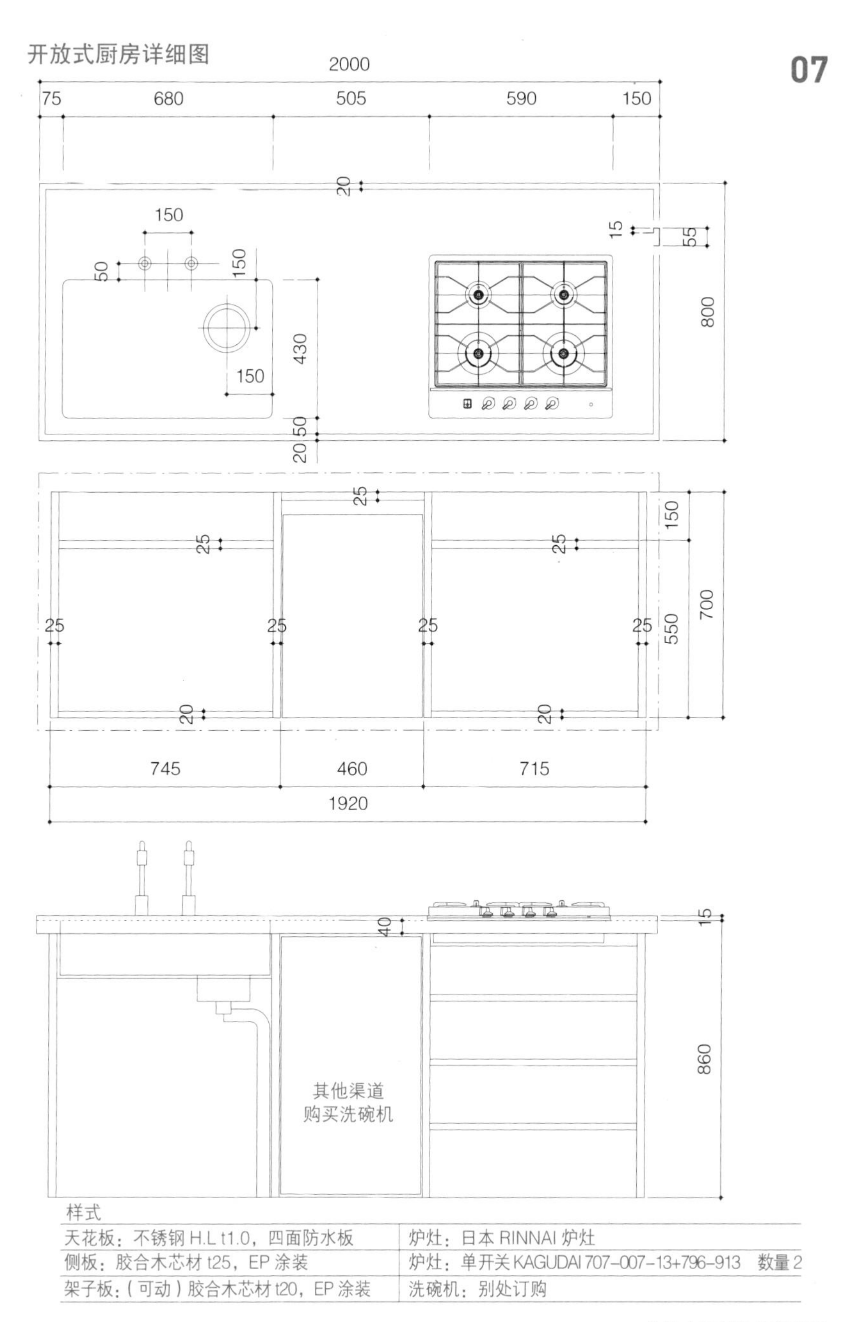

样式

天花板：不锈钢 H.L t1.0，四面防水板	炉灶：日本 RINNAI 炉灶
侧板：胶合木芯材 t25，EP 涂装	炉灶：单开关 KAGUDAI 707-007-13+796-913　数量 2
架子板：（可动）胶合木芯材 t20，EP 涂装	洗碗机：别处订购

佐佐木善树建筑研究室

电灯插座图

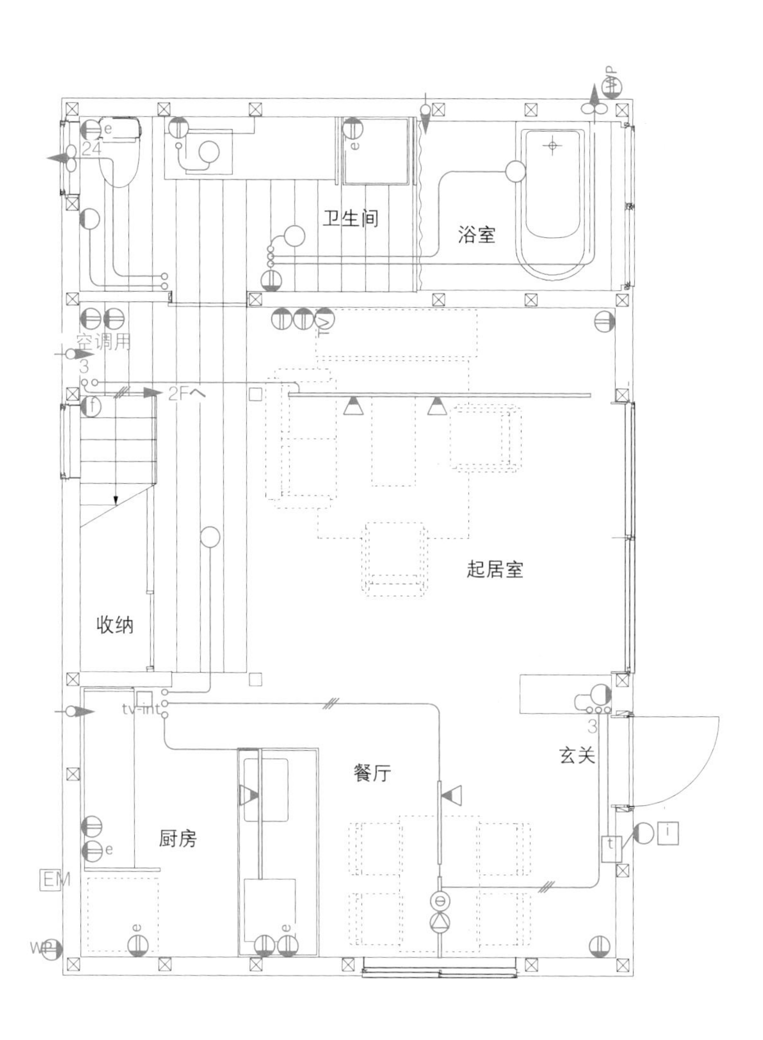

一楼电灯插座图

08

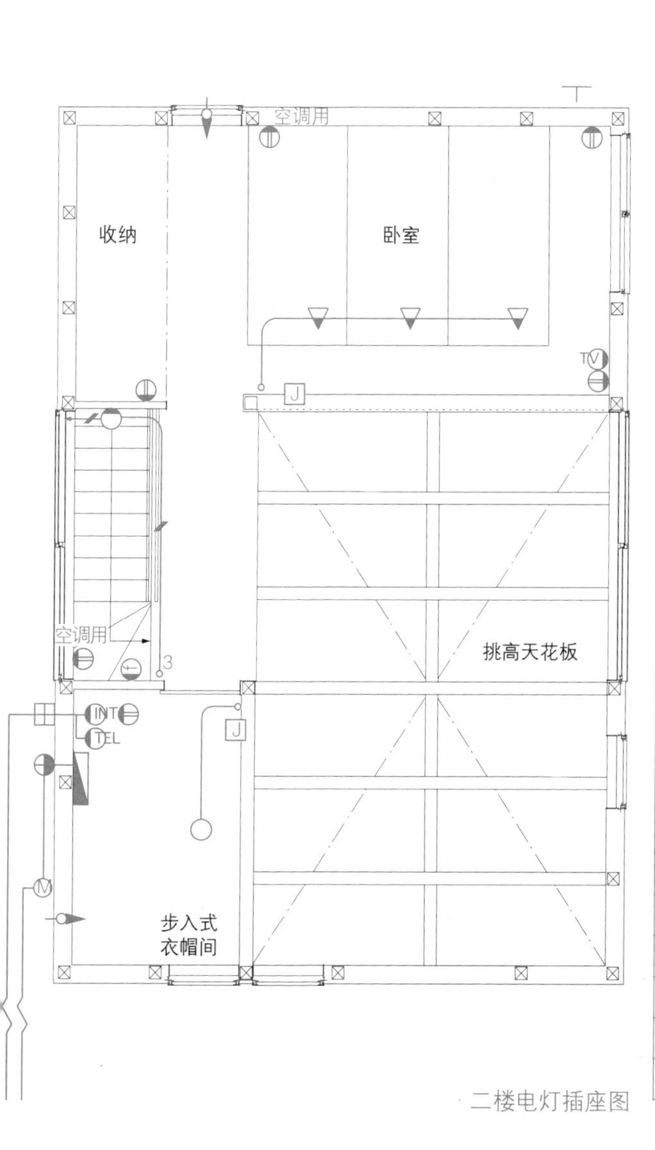

二楼电灯插座图

记号	名称
⊜	吊顶灯
◐	托架灯
◎	顶灯
ⓕ	脚灯
◁	聚光灯
△	吊灯
═	配线管道电缆
⊖	两口插座
⊖e	接地线插座
⊖WP	防水插座
TV	电视端口
INT	网络端口
TEL	电话端口
t	照明定时
∘	开关
tv-int	带摄像头的对讲机主机
i	玄关对讲机
◑	电线支线
Ⓜ	电表
⊞	电话线
◢	分电盘
24	24 小时换气扇
	局部换气扇
	供气口
⊤	电视扬声器
J	接线盒

佐佐木善树建筑研究室

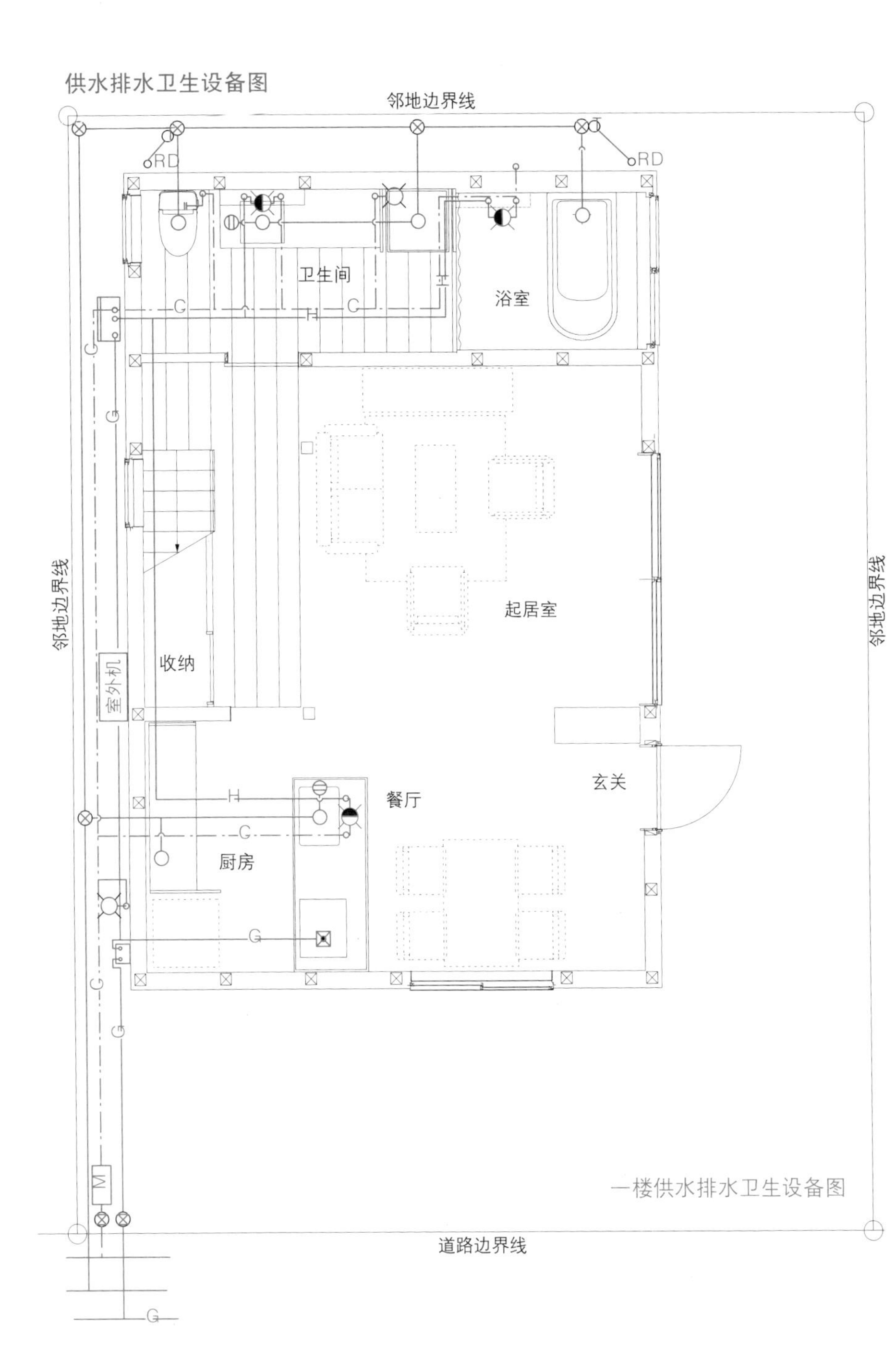
供水排水卫生设备图
邻地边界线
RD
RD
卫生间
浴室
G
H
G
G
G
邻地边界线
邻地边界线
起居室
收纳
室外机
玄关
餐厅
H
G
厨房
G
G
G
M
一楼供水排水卫生设备图
道路边界线
G

09

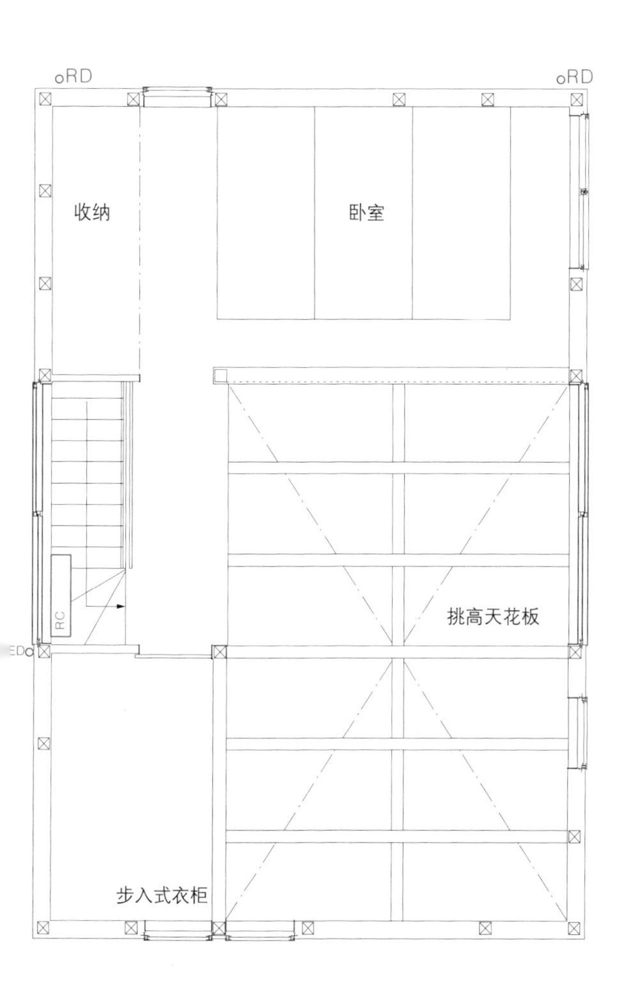

记号	名称
	混合水阀
	单向水阀
	排水口
	扫除口
	存水弯管
oRD	滴水槽
oED	空调排水管
	屋内扫除口
	燃气阀
M	水表
	止水阀、隔断阀
	燃气表
	燃气热水器
—H—	热水管
—·—C—·—	上水道管
—G—	燃气管
RC	空调

二楼供水排水卫生设备图

佐佐木善树建筑研究室

图书在版编目(CIP)数据

住宅的养成指南/(日)佐佐木善树著；周颖琪译
.—上海：上海科学技术出版社，2016.7
(建筑设计系列)
ISBN 978-7-5478-3050-5

Ⅰ.①住… Ⅱ.①佐… ②周… Ⅲ.①住宅–室内装饰设计–指南 Ⅳ.①TU241-62

中国版本图书馆CIP数据核字(2016)第087209号

住宅的养成指南
[日] 佐佐木善树 著 周颖琪 译

上海世纪出版股份有限公司
上 海 科 学 技 术 出 版 社 出版
(上海钦州南路71号 邮政编码200235)
上海世纪出版股份有限公司发行中心发行
200001 上海福建中路193号 www.ewen.co
上海中华商务联合印刷有限公司印刷
开本 890×1240 印张 6.75
字数 150千字
2016年7月第1版 2016年7月第1次印刷
ISBN 978-7-5478-3050-5/TU・232
定价：39.00 元